MIANXIANG JIXIE ZHIZAO
GUOCHENG DE
MOHU DUOZHUNZE JUECE FANGFA YANJIU

面向机械制造过程的模糊多准则决策方法研究

彭安华　著

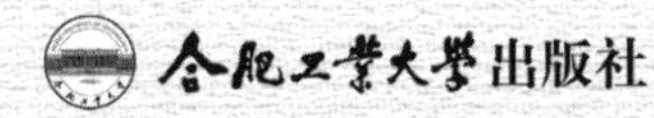

摘　要

机械制造过程是将原材料转化为最终物质产品并投入市场的全过程，在此过程中涉及众多的决策问题。决策是人类一项最基本的活动，它广泛存在于社会生活和生产的各个环节。本专著针对制造过程中的材料选择、工艺参数优化、敏捷供应链构建，开展了模糊多准则决策方法研究，这对提高机械制造过程决策的科学、准确和可靠性，进而对提高机械制造企业的综合经济效益，赢得激烈的市场竞争具有重要的理论和实际意义。

首先，针对绿色制造问题开展了绿色材料决策的研究。研究了6种不同属性之间的关系，并且在此基础上提出一种基于区间数距离的属性值规范化方法。采用了网络分析法确定属性权重，提出了通过交互式的方法直接构造一致性互反判断矩阵的方法，利用该方法无需进行一致性检验。针对多属性效用方法存在决策补偿效应的问题，本专著采用基于关联的PROMETHEE决策方法。最后通过机床用液体动力润滑径向滑动轴承材料的选择验证了所提出方法的合理性。

其次，以熔融堆积快速成型为工程背景，对工艺参数的优化问题开展了理论和实验研究。通过实验分析了各种工艺参数对制件精度的影响，然后以对制件精度有显著影响的四种工艺参数（线宽补偿、挤出速度、填充速度和层厚）为控制因子，以制件的尺寸误差、翘曲变形和加工时间等三个指标为考察指标（响应输出值），采用均匀实验设计方法（均匀实验设计表为$U_{17}(17^{16})$）得出了控制因子和考擦指标之间的数值关系。采用模糊推理的方式将四个考察指标值转为一个综合响应输出值，然后利用响应面的方法建立起四个控制因子和综合响应输出值之间的数学模型，利用神经网络的方法验证数学模型的准确性和可靠性。为了得到最佳的工艺参数组合方案，采用内点罚函数法，将一个带有约束的优化问题转为无约束优化问题，然后直接利用遗传算法工具箱求解得到最优工艺参数。通过实验验证了优化模型和方法的正确性。

最后，以一个包含供应商、制造商、分销商、和客户的敏捷供应链为背景，研究合作伙伴的初选、精选、及最优任务的分配。由于是面临新任务的决策，所以决策信息是不完全或者模糊的，分析了处理语言评价信息的四种常见计算模型和不同粒度模糊语言信息一致化方法；分析了模糊测度、模糊积分的基本概念，论述了模糊测度、默比乌斯表达式和关联系数三者之间的转换关系，提出了基于最大熵原则的2—可加模糊测度确定方法；分析了各种基于Choquet积分的二元语义集结算子，提出了基于关联的二元语义混合加权几何平均(ET－RHWGA)算子。提出了基于交互双层模糊规划方法，利用软件LINGO13求解该模糊规划，得出最终的精选合作伙伴及最优任务的分配。该方法兼顾了上下层各自的利益需求，经过上下层决策者反复交互协商，最终得到上下层决策者均可接受的妥协优化解。

关键词：机械制造过程；模糊多准则决策；属性关联；模糊推理；模糊规划

目　录

摘要 …………………………………………………………………………………… (1)

1　绪论 …………………………………………………………………………………… (1)

1.1　课题研究的背景 ………………………………………………………………… (1)

1.2　研究目的与意义 ………………………………………………………………… (3)

1.3　国内外研究现状及存在的问题 ………………………………………………… (4)

1.4　主要研究内容 …………………………………………………………………… (20)

1.5　本章总结 ………………………………………………………………………… (22)

2　基于关联的 PROMETHEE 方法及在材料决策中的应用 …………………… (23)

2.1　引言 ……………………………………………………………………………… (23)

2.2　属性的类型及规范化方法 ……………………………………………………… (25)

2.3　层次分析法 ……………………………………………………………………… (29)

2.4　网络分析法 ……………………………………………………………………… (34)

2.5　PROMETHEE 方法………………………………………………………………… (36)

2.6　属性关联的 PROMETHEE 方法在材料决策中的应用 ………………………… (38)

2.7　本章总结 ………………………………………………………………………… (45)

3　基于模糊推理响应面的快速成型工艺参数优化 ……………………………… (47)

3.1　引言 ……………………………………………………………………………… (47)

3.2　响应面方法 ……………………………………………………………………… (49)

3.3　模糊推理 ………………………………………………………………………… (52)

3.4　实验设计与实验结果 …………………………………………………………… (56)

3.5　数据分析与优化 ………………………………………………………………… (60)

3.6　实验验证及结果讨论 …………………………………………………………… (72)

3.7　本章总结 ………………………………………………………………………… (73)

4 基于模糊 Choquet 积分的敏捷供应链合作伙伴初选群决策 ……………………… (75)
4.1 引言 …………………………………………………………………………… (75)
4.2 供应链参数中的模糊不确定性 ……………………………………………… (77)
4.3 语言评价值 ………………………………………………………………… (78)
4.4 模糊测度与模糊积分 ……………………………………………………… (85)
4.5 基于 Choquet 积分的二元语义集结算子 ………………………………… (92)
4.6 在合作伙伴初选群决策中的应用 ………………………………………… (94)
4.7 本章总结 ……………………………………………………………………… (103)
5 基于交互双层模糊规划的敏捷供应链合作伙伴精选及最优任务分配 ………… (104)
5.1 引言 …………………………………………………………………………… (104)
5.2 模糊规划求解方法 …………………………………………………………… (106)
5.3 双层数学规划 ………………………………………………………………… (108)
5.4 在合作伙伴精选及最优任务分配中的应用 ……………………………… (112)
5.5 本章总结 ……………………………………………………………………… (116)
6 总结和展望 …………………………………………………………………… (118)
6.1 总结 …………………………………………………………………………… (118)
6.2 主要创新点 …………………………………………………………………… (119)
6.3 研究展望 ……………………………………………………………………… (120)
参考文献 ………………………………………………………………………… (121)

1 绪 论

1.1 课题研究的背景(Research Background)

1.1.1 机械制造与制造业

所谓机械制造过程即人类按照市场需求,运用主观掌握的知识和技能,借助手工或可以利用的客观物质工具,采用有效的工艺方法和必要的能源,将原材料转化为最终物质产品并投入市场的全过程[1]。制造业是指将制造资源,包括物料、设备、工具、资金、技术、信息和人力等,通过制造过程转化为可供人们使用和消费的产品的行业。制造的概念有广义和狭义之分[1]:狭义的制造,指生产车间内与物质有关的加工和装配过程;本专著所指的制造是指广义的制造概念,包括市场分析、产品设计、工艺设计、生产准备、加工装配、质量保证、生产过程管理、市场营销、售前售后服务以及报废后的回收处理等整个产品生命周期内的一系列相互联系的生产活动。制造业是国民经济和创造人类财富的支柱产业。有人将制造业称之为工业经济年代一个国家经济增长的"发动机"。制造业一方面创造价值,生产物质财富和新的知识;另一方面为国民经济的进步和发展提供各种先进的手段和装备[2,3]。

近两百年来,在市场需求不断变化的驱动下,机械制造过程中的工艺技术、自动化技术和管理技术等都通过不断吸收机械、电子、信息、材料以及现代管理技术的成果而不断变化。根据本专著的研究内容需要,下面举 3 个例子。

随着工业的飞速发展,环境问题、资源问题越来越突出,改变传统制造模式推行绿色制造技术是机械制造过程的一个重要转变方向。绿色制造,又称环境意识制造或面向环境的制造(Environmentally Conscious Manufacturing),是一个综合考虑环境影响和资源效益的现代化制造模式,其目标是使产品从设计、制造、包装、运输、使用到报废处理的整个产品生命周期中,对环境的影响的副作用最小，资源利用率最高，并使企业经济效益和社会效益协调优化[4]。绿色制造是人类可持续发展战略在机械制造过程中的体现。在材料选择过程中除考虑使用性、成本、工艺性外，还必须考虑材料的环境协调是实现绿色制造。

快速成型(Rapid Prototyping，简称 RP)技术是 20 世纪 80 年代后期发展起来的集激光、材料、数控等技术为一体的先进制造方法。利用它可直接将 CAD 模型经分层切片，生成数控加工指令，在快速成形型机上将材料快速成型为三维实体模型[5]。它对产品设计的快速评估、修改及功能试验，缩短产品研制周期，降低开发成本，提高企业参与市场竞争能力都具有十分重要的意义。这项技术不仅在成型方法上与传统制造截然不同，而且为新品开发提供一套新的流程，并且对传统制造业的组织结构产生冲击，可以说快速成型技术是继数控技术之后制造业的又一次重大革命[5]。

随着科学技术的发展和管理理念的创新，企业管理水平不断提高，生产企业内部管理趋于完善，继续提高内部管理水平虽能带来一定的效益，但更大的机会来自于与供应商和销售商的相互协调和配合，由此产生了敏捷供应链(Agile Supply Chains，ASCs)这种先进的机械制造过程模型。它是由物料获取并加工成中间件或成品，再将成品送到用户手中的不同企业构成的网络，在这个网络中每个企业将业务集中在自己做得最好的部分，而将其他业务交给网络中的其他企业完成[6]。支撑敏捷供应链房屋的两个支柱：一是各相关企业的集成，二是各相关企业之间的相互协调合作[7]。在企业集成过程中必须从大量的待选合作伙伴中选择合适的合作伙伴，如果合作伙伴选择得不合适，必将影响供应链的运行；在相关企业相互协调合作过程中必须从整条供应链角度出发优化供应链使其成本最低，满意度最高等等。

机械制造过程的这种转变是为实现优质、高效、低耗、清洁生产的基础制造技术，其目的是满足用户个性化、多样化的市场需求，提高制造企业的综合经济效益，赢得激烈的市场竞争。

1.1.2 机械制造过程中决策问题

决策是人类一项最基本的活动，它广泛存在于社会生活和生产的各个环节中。例如，选择日常用品、工厂生产设备的购买、人才招聘、方针政策的制定等，无一不涉及决策活动。单准则的决策，例如在服装购买时仅考虑价格最便宜，这种类型的决策比较简单。随着社会的发展，人们逐渐意识到单准则决策仅是特定情形下对决策问题的高度简化，是一种理想状态。现实生活中的各种决策问题都是在要考虑多个准则下的决策问题，因此是一个多准则决策问题。

机械制造过程中，尤其是机械制造过程的转变中，同样存在很多需要决策优化的问题，例如，如何从众多的在某些方面满足要求的材料中选择最佳的绿色材料，加工过程中如何确定最优工艺参数使得加工过程满足各方面的性能要求,如何选择最佳的维修策略使得最少的维修资源消耗取得最佳的维修效果,制造工艺方案选择评价,故障诊断,敏捷供应链中合作伙伴的选择及最优任务分配等。由于机械制造过程决策参数的不确定性、复杂性、相关性及决策者知识局限性,使得机械制造过程中的决策大部分都是在模糊不确定环境下且存在关联的多准则决策问题。传统的方法只是根据决策者的经验主观地选择某种方案,或者仅根据使用说明书选择工艺参数,缺乏科学依据。如何使决策科学化、合理化以提高机械制造过程的产品精度、加工效率,降低生产成本以及最大限度地满足客户需求,是机械制造过程的一个重点研究内容。但是在这些决策过程中有的很难用数值计算方法建立准确的数学模型,必须依靠知识和经验,进行推理、判断和决策,做到宏微兼顾、局整协调、多元综合,才能得出合理的结果[8]。模糊多准则决策,作为专家系统的一个重要组成部分,能够根据人类(特别是人类专家)的许多宝贵知识、经验,甚至是灵感和顿悟进行逻辑推理,从而能够捕捉蕴含在人类专家头脑中的知识,使人类专家头脑知识在一定程度上显性化,程序化,从而促进了决策的科学性、合理性。

面向机械制造过程的模糊多准则决策方法的研究将搭建起机械制造过程和模糊多准则决策之间的桥梁,一方面丰富和发展了模糊多准则决策的应用领域,另一方面也促进了机械制造过程中一系列决策、优化由经验型逐步转为有理论指导的科学型决策[9]。本专著首先从单个企业研究出发,主要研究如何合理选择工程材料,在加工过程中如何优化工艺参数;其次从扩展企业研究出发,研究了敏捷供应链中合作伙伴的初选和精选及最优任务的分配等 2 个主要问题。

1.2 研究目的及意义(Purposes and Significances)

模糊多准则决策是当前研究热点,国际上的《European Journal of Operational Research》、《Fuzzy Sets and Systems》、《Information Science》、《Information Fusion》、《Knowledge—Based Systems》、《Expert Systems with Applications》等期刊,国内的《系统工程理论与实践》、《控制与决策》、《系统工程与电子技术》等期刊上面都有大量与此相关的论文发表。但是它们都是从理论上探讨模糊多准则决策方法,其应用实例仅是局限于投资决策、项目评估、质量评估、方案优选、工厂选址、资源分配、科研成果评价、人才考核、产业部门发展排序、经济效益评价等。国内在模糊多准则决策方面研究的知名学者主要有:解放军理工大学徐泽水教授,出版专著 7 部,例如文献[10-11],在国内外期刊上发表论文 310 多篇;东北大学的郭亚军教授,在中国知网上可查询到发表论文 187 篇,出版专著 3 部;中南大学王坚强教授,在中国知网上可查询到发表论文 95 篇,出版专著一部[12];福州大学王应明,2012 年入选教育部”长江学者”特聘教授,在国际期刊上发表论文 100 多篇;比较年轻的学者有重庆文理学院的卫贵武博士、副教授,在中国知网上可查询到发表论文 48 篇,出版专著一部即《基于模糊信息的多属性决策理论与方法》[13]。

目前研究模糊多准则决策的学者的专业背景大部分都是管理科学,因此他们很难将其研究成果应用于机械制造过程。然而在机械制造过程中,普遍存在模糊现象,例如人们常对材料的强度高低称为"高强度""中等强度"或"低强度"等,对传动机构速度的快慢称为"高速""中速"或"低速"等,这些都是模糊概念。所以机械制造过程中的决策大部分都是在模糊环境下的决策,在经典数学中由于缺乏处理模糊概念的方法和手段,人们把许多本来是模糊的量人为地当成是确定量,使得设计变量和目标函数不能达到应有的取值范围,所以有时会漏掉真正的最佳方案,甚至会带来一些矛盾的结果。将模糊多准则决策应用于机械制造过程必将使机械制造过程中的决策、优化更加符合客观实际,取得更好的决策效果。有少数学者探索了模糊多准则决策在机械制造领域的应用。裴植的博士论文[14]研究了模糊多属性决策在传统汽车产业和现代港口集装箱物流产业中的应用。张天云的博士论文[15]论述了模糊多属性决策在材料评价中的应用,提出了组合评价方法,该方法不是对某种方法的改进,而是通过一系列创新,形成具有特色的组合评价法。但是它们只是应用到模糊多准则决策中的模糊多属性决策,没有应用到模糊多目标决策,其次是建立的决策模型距实际决策环境有较大的差距,只是实际决策环境的简单、近似化处理。提高机械制造产品的质量和生产效率呼唤科学的决策、优化方法。面向机械制造过程的模糊多准则决策方法研究正是在这个背景下提出的一个具有实际应用价值的研究课题。

1.3 国内外研究现状及存在的问题
(State—of—the—Art and Existent Problems)

1.3.1 模糊不确定性决策研究现状

1965 年,美国加利福尼亚大学控制论专家扎德(L. A. Zadeh)教授在《信息与控制》杂志上发表了一篇开创性论文《模糊集合》,这标志着模糊数学的诞生,扎德是世界公认的系统理论及其应用领域最有贡献的人之一,被誉为"模糊集之父"。我国模糊数学研究工作开始于 20 世纪 70 年代,首篇论文是张锦文、潘雪梅的《弗晰集合结构》,发表在 1976 年第 9 期《计算机与应用数学》杂志上。随后汪培庄等于 1978 年 10 月 13 日在《光明日报》发表《介绍一门新数学—模糊数学》的文章。1980 年 11 月汪培庄等译著的《模糊集在系统分析中的应用》一书出版。1981 年《模糊数学》杂志创刊。1982 年成立了中国系统工程学会模糊数学与模糊系统分会。

模糊数学着重研究"认知不确定"问题,其研究对象具有"内涵明确,外延不明确"的特点[16]。比如"年轻人"就是一个模糊概念。因为每一个人都十分清楚"年轻人"的内涵。但是要让你划定一个确切的范围，在这个范围之内是年轻人，范围之外的都不是年轻人，则很难办到。因为年轻人这个概念外延不明确。对于这类内涵明确，外延不明确的认知不确定性问题，模糊数学主要是凭经验借助于隶属函数进行处理。经典集合的隶属度函数值只能取 0 或 1 两个值，模糊集合的隶属度函数可以取闭区间[0, 1]之间的任意值。

1.3.1.1 模糊多属性决策和模糊多目标决策

模糊多准则决策(Fuzzy Multi－Criteria Decision Making，FMCDM)问题复杂多样，但是有着一些共同特征[17]：

(1)多目标或属性。每个问题都具有多个目标或属性，决策者需要依据具体的问题提出相关的目标或属性。

(2)准则之间的矛盾性。多准则之间通常是相互冲突的。例如，在设计一辆轿车时，为了达到降低单位行程耗油量的目标可能需要缩小乘坐空间，但这样却会降低乘坐的舒适率的目标。

(3)不可公度性。每个目标或属性有着不同的度量单位。

(4)设计或选择。解决问题的办法或者是设计出最好的方案，或者是在先前确定的有限方案内选出最好的方案。

FMCDM 问题根据决策背景不同可分为模糊多属性决策(Fuzzy Multiple Attribute Decision Making，FMADM)和模糊多目标决策(Fuzzy Multiple Objective Decision Making，FMODM)两大类[17]。FMADM 和 FMODM 的具体区别见表 1－1[17]。决策对象是离散的、有限数量的备选方案时的模糊多准则决策称之为模糊多属性决策，模糊多属性决策的实质是利用已有的决策信息通过一定的方式对一组有限个备选方案进行排序并择优。它主要由两部分组成[18]：决策信息的获取、通过一定的方式对决策信息进行集结。本专著第二章研究的绿色材料合理选择和第四章研究的合作伙伴初选就属性模糊多属性决策范畴。决策对象是连续的、无限数量的备选方案的模糊多准则决策称之为模糊多目标决策，模糊多目标决策通常与事先预定的方案无关，其模型的目的是在设计好的约束条件下，通过达到一些量化目标可以接受的水平寻找出决策者最为满意的方案，产生(或设计)方案是模糊多目标决策的目的。本专著第三章研究的工艺参数优化决策和第五章研究的最优任务分配就属于模糊多目标决策范畴。

表 1－1 FMADM 与 FMODM 的区别

特征项	FMADM	FMODM
准则定义	属性	目标
目标	隐含的(病态定义的)	清新的
属性	清新的	隐含的

（续表）

特征项	FMADM	FMODM
约束条件	不变动(合并到属性中)	变动的
方案	有限数目、离散、预定方案	无限数目、连续的、方法运行中产生
与决策者交互	不多	很多
使用范围	选择/评价	设计

1.3.1.2　模糊数表述

(1)普通模糊数

区间数。如果隶属函数是一个唯一可确定的实数，即 $u_{\tilde{A}}(x)=a$，这是最简单的情况。但由于客观事物的复杂性和人类认识的局限性，有时可能只能确定隶属度的大致区间，即 $u_{\tilde{A}}(x)=[a^l,a^u]$，简记为 $\tilde{a}=[a^l,a^u]$(l，Low bound，下界；u，Upper bound，上界)，其中 $0<a^l<a^u\leqslant 1$，此时 $\tilde{a}$ 称为区间数，在区间模糊数中如果 $a^l=a^u$，则区间模糊数退化为一个实数。

三角模糊数。区间模糊数只是给出了模糊数的一个变化区间，无法描述隶属度在哪个值出现的可能性大小，为了描述隶属度的变化区间及隶属度值在区间内出现的可能性大小，就采用三角模糊数，简记为 $\tilde{a}=(a^l,a^m,a^u)$(m，Medium，中间值，不一定为上界和下界的均值)，隶属度函数表达式为，如图 1-1 所示。

$$u_{\tilde{A}}(x)=\begin{cases}0 & x\leqslant a^l \\ f_{\tilde{A}}^L=\dfrac{x-a^l}{a^m-a^l} & a^l<x\leqslant a^m \\ f_{\tilde{A}}^R=\dfrac{a^u-x}{a^u-a^m} & a^m<x\leqslant a^u \\ 0 & x>a^u\end{cases} \tag{1-1}$$

梯形模糊数。如果取得最大隶属度函数值的点无法准确确定而只能确定为一个大致的范围，则三角模糊数转变为梯形模糊数 $\tilde{a}=(a^l,a^{m_1},a^{m_2},a^u)$，隶属度函数表达式为，如图 1-2 所示。

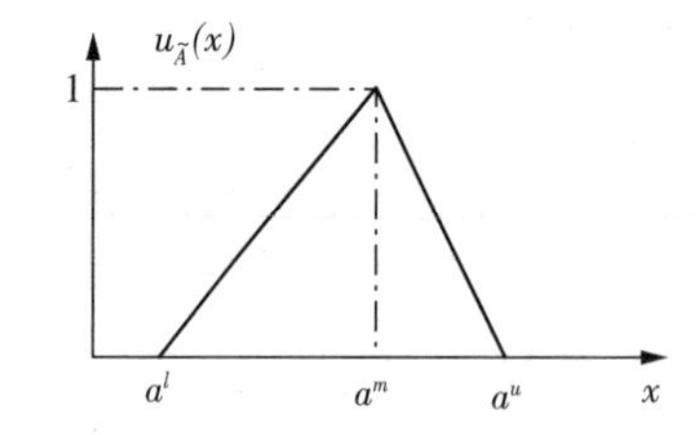

图 1-1　三角模糊数的隶属度函数

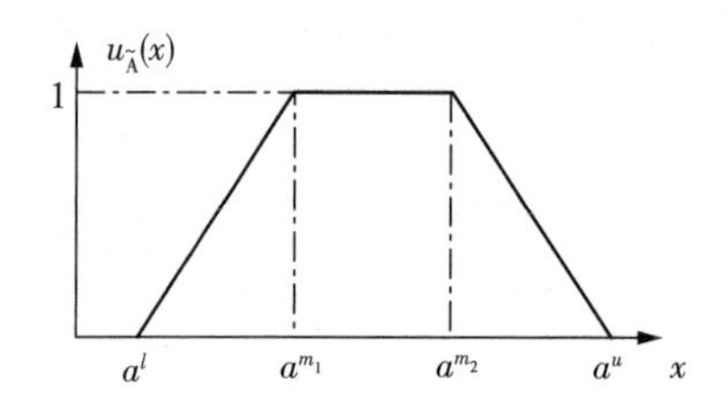

图 1-2　梯形模糊数的隶属度函数

$$u_{\tilde{A}}(x)=\begin{cases}0 & x\leqslant a_l \\ f_{\tilde{A}}^{L}=\dfrac{x-a^l}{a^{m_1}-a^l} & a^l<x\leqslant a^{m_1} \\ 1 & a^{m_1}<x\leqslant a^{m_2} \\ f_{\tilde{A}}^{R}=\dfrac{a^u-x}{a^u-a^{m_2}} & a^{m_2}<x\leqslant a^u \\ 0 & x>a^u\end{cases} \tag{1-2}$$

在梯形模糊数中当 $a^{m_1}=a^{m_2}=a^m$ 时，此时梯形模糊退化为三角模糊数。

(2)区间模糊数

定义 1-1[19-20]：设论域(Universe of discourse,Ud)为非空有限集，称

$$\tilde{\tilde{A}}=\{(x,[u^L_{\tilde{\tilde{A}}}(x),u^U_{\tilde{\tilde{A}}}(x)]\mid x\in Ud\}$$

为区间模糊数。区间模糊数由模糊数的下界$\tilde{\tilde{A}}^L$ 和模糊数的上界$\tilde{\tilde{A}}^U$ 组成。若$\tilde{\tilde{A}}^L=(a^{Ll},a^{Lm_1},a^{Lm_2},a^{Lu};\hat{w}^L_{\tilde{\tilde{A}}})$，$\tilde{\tilde{A}}^U=(a^{Ul},a^{Um_1},a^{Um_2},a^{Uu};\hat{w}^U_{\tilde{\tilde{A}}})$则 $\tilde{\tilde{A}}$ 为区间梯形模糊数，简记为 $\tilde{\tilde{a}}=[(a^{Ll},a^{Lm_1},a^{Lm_2},a^{Lu};\hat{w}^L_{\tilde{\tilde{A}}}),(a^{Ul},a^{Um_1},a^{Um_2},a^{Uu};\hat{w}^U_{\tilde{\tilde{A}}})]$，如图 1-3 所示。若 $a^{Lm_1}=a^{Lm_2}=a^{Um_1}=a^{Um_2}=a^m$，则区间梯形模糊数退化为区间三角形模糊数，$\tilde{\tilde{a}}=[(a^{Ll},a^m,\ a^{Lu};\hat{w}^L_{\tilde{\tilde{A}}}),(a^{Ul},a^m,\ a^{Uu};\hat{w}^U_{\tilde{\tilde{A}}})]$，如图 1-4 所示。

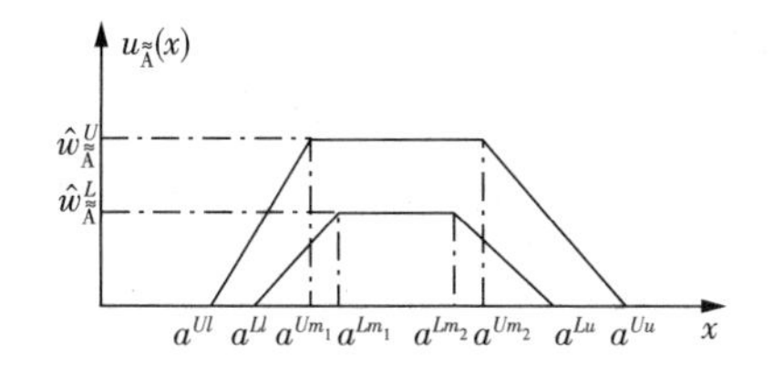

图 1-3 区间梯形模糊数的隶属度函数

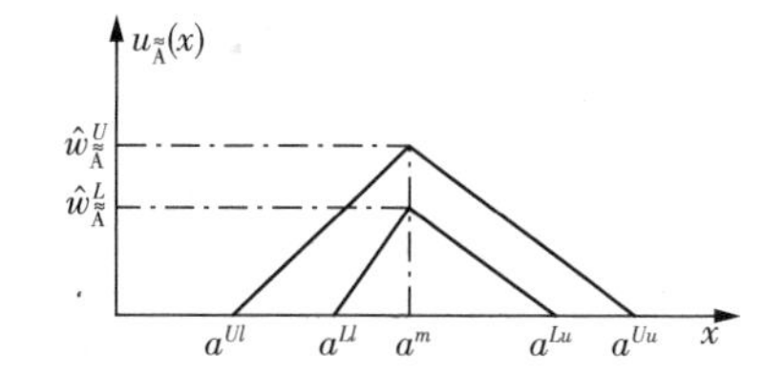

图 1-4 区间三角形模糊的隶属度函数

(3)直觉模糊数

由于社会经济环境的日益复杂和不确定性，人们在对事物认知过程中，往往存在不同程度的犹豫或表现出一定程度的知识缺乏，从而使得认知结果表现为肯定、否定或介于肯定与否定之间的犹豫性这三个方面。如在各种选举投票事件中，除了支持与反对两个方面，经常有弃权的情况发生。有很多学者，在应用模糊集理论的同时又发展了模糊集理论。直觉模糊集和 Vague 集是 Zadeh 的模糊集理论最有影响的扩展和发展[21]，它们均是在 Zadeh 模糊集理论中“亦此亦彼”的模糊概念的基础上增加一个新的参数—非隶属函数，进而可以描述“非此非彼”的模糊概念。在 1996 年 Bustince 和 Burillo 证明了 Vague 集就是直觉模糊集[22]。

定义 1-2:设论域 Ud 为非空有限集,称

$$\widetilde{A}=\{<x,u_{\widetilde{A}}(x),v_{\widetilde{A}}(x)>|x\in Ud\}$$

为直觉模糊集,其中 $u_{\widetilde{A}}(x)$和 $v_{\widetilde{A}}(x)$分别为 Ud 中元素属于 $\widetilde{A}$ 的隶属度和非隶属度,即

$$u_{\widetilde{A}}:\quad Ud\rightarrow[0,\ 1],\qquad x\in Ud\rightarrow u_{\widetilde{A}}(x)\in[0,\ 1]$$

$$v_{\widetilde{A}}:\quad Ud\rightarrow[0,\ 1],\qquad x\in Ud\rightarrow v_{\widetilde{A}}(x)\in[0,\ 1]$$

且满足条件

$$0\leqslant u_{\widetilde{A}}(x)+v_{\widetilde{A}}(x)\leqslant 1,\quad x\in Ud$$

此外

$$\pi_{\widetilde{A}}(x)=1-u_{\widetilde{A}}(x)-v_{\widetilde{A}}(x)\quad x\in Ud$$

表示 Ud 中元素 x 属于 $\widetilde{A}$ 的犹豫度或不确定度。特别地,若

$$\pi_{\widetilde{A}}(x)=1-u_{\widetilde{A}}(x)-v_{\widetilde{A}}(x)=0\quad x\in Ud$$

则 $\widetilde{A}$ 退化为 Zadeh 的模糊集,因此 Zadeh 的模糊集是直觉模糊集的一个特例。一个直觉模糊数简记为 $\bar{a}=<a,\ b>$。对一个直觉模糊数 $\bar{a}=<a,\ b>$可等效转化为区间数 $\bar{a}=[a,\ 1-b]$。假设一个直觉模糊数为 $\bar{a}=<0.5,\ 0.3>$,则其物理意义可解释为:对某一项方案有 10 人参加投票,投票的结果为 5 人赞成,3 人反对,2 人弃权。将直觉模糊数转化为区间数 $\bar{a}=[0.5,\ 0.8]$,则表示至少有 5 人赞成,至多有 8 人赞成。

直觉模糊集中隶属度和非隶属度有时很难用精确的实数值表达,而用区间数的形式比较合适,为此 Atanassov 和 Gargov 对直觉模糊集进行推广,提出了区间直觉模糊集的概念。

定义 1-3[23]:设论域 Ud 为非空有限集,称

$$\widetilde{A}=\{<x,\bar{u}_{\widetilde{A}}(x),\ \bar{v}_{\widetilde{A}}(x)>|x\in Ud\}$$

其中 $\bar{u}_{\widetilde{A}}(x)=[u^1_{\widetilde{A}}(x),\ u^2_{\widetilde{A}}(x)]$,$\bar{v}_{\widetilde{A}}(x)=[v^1_{\widetilde{A}}(x),\ v^2_{\widetilde{A}}(x)]$为区间数,则称 $\widetilde{A}$ 为区间直觉模糊数,简记为 $\bar{a}=<[a^l,a^u],[b^l,b^u]>$,且满足条件:

$$\sup\bar{u}_{\widetilde{A}}(x)+\sup\bar{v}_{\widetilde{A}}(x)\leqslant 1\quad\forall x\in Ud$$

显然,若 $\inf\bar{u}_{\widetilde{A}}(x)=\sup\bar{u}_{\widetilde{A}}(x)$且 $\inf\bar{v}_{\widetilde{A}}(x)=\sup\bar{v}_{\widetilde{A}}(x)$,则区间直觉模糊集退化为通常的直觉模糊集。

若其中 $\bar{u}_{\widetilde{A}}(x)=[u^1_{\widetilde{A}}(x),u^2_{\widetilde{A}}(x),u^3_{\widetilde{A}}(x)]$,$\bar{v}_{\widetilde{A}}(x)=[v^1_{\widetilde{A}}(x),v^2_{\widetilde{A}}(x),v^3_{\widetilde{A}}(x)]$且满足 $0\leqslant u^3_{\widetilde{A}}(x)+v^3_{\widetilde{A}}(x)\leqslant 1$,则称 $\widetilde{A}$ 为三角直觉模糊数,简记为 $\bar{a}=<(a^l,a^m,a^u),(b^l,b^m,b^u)>$,同样梯形直觉模糊数可简记为 $\bar{a}=<(a^l,\ a^{m_1},\ a^{m_2},\ a^u),(b^l,b^{m_1},\ b^{m_2},\ b^u)>$。

1.3.1.3 模糊不确定性决策应用研究现状

模糊多准则决策是当前决策领域的一个研究热点，模糊综合评判是模糊多准则决策在实际决策中最早、最简单的应用[24]。文献[25]研究了Vague集的相似度量分析及其在材料选择中的应用。文献[26]研究了属性值为直觉模糊数且对决策方案有偏好的模糊多属性决策问题。文献[27]研究区间直觉模糊多属性决策方法。文献[28-29]分别论述了直觉模糊集、区间直觉模糊集、直觉三角模糊集和直觉梯形模糊集在多属性决策中的应用，并从5个方面指出了直觉模糊集的研究方向：信息残缺的直觉模糊集多属性决策问题，直觉模糊多属性决策中权重的确定问题，直觉模糊多属性群决策，直觉三角模糊数和直觉梯形模糊数的研究，区间直觉三角模糊数、梯形模糊数的研究。在诸如对学生的综合素质、汽车性能等进行评价时，决策者一般喜欢直接用“优”“良”“中”“差”等语言形式给出评价，此时准则是直接用语言表达模糊性，称之为语言多准则决策[30]。文献[31]研究一种处理语言评价信息的多属性群决策方法。有时决策者很难直接用“优”“良”“中”“差”等语言给出评价，而是给出处于“优”和“良”之间的评价，这时语言多准则决策又扩展为不确定语言多准则决策[32]。

1.3.2 其他不确定性决策研究现状

(1)灰色不确定性

1982年，邓聚龙教授创立的灰色系统理论，是一种研究少数据、贫信息不确定性问题的新方法。灰色系统理论以部分数据已知、部分信息未知的“小样本”“贫信息”不确定性系统为研究对象，主要通过对部分已知信息的生成、开发，提取有价值的信息，实现对系统运行行为、演化规律的正确描述和有效监控。用“黑”表示信息未知，用“白”表示信息完全明确，用“灰”表示部分信息明确部分信息不明确。相应地，信息完全明确的系统称为白色系统，信息完全未知的系统称为黑色系统，部分信息明确、部分信息不明确的系统称为灰色系统。与模糊数学不同的是，灰色系统理论着重研究“外延明确、内涵不明确”的对象[33]。比如说到2050年，中国要将人口控制在15亿到16亿之间，这“15亿到16亿之间”就是一个灰概念，其外延是很清楚的，如果要进一步问到底是15亿到16亿之间的哪个具体数值，则不清楚。

灰色系统理论包括灰色关联分析、灰色建模、灰色预测、灰色决策和灰色控制等主要研究内容[33]。文献[34]分析了灰色理论在1992—2001间在我国的应用研究进展，指出灰色系统理论应用领域非常广泛，无论是处于我国基础的农业科学，还是以高技术著称的航空航天工业和原子能技术，灰色系统理论几乎在所有学科中均得到应用，其中以灰色预测、灰色关联分析应用得最为普遍。灰关联分析是贫信息系统分析的有效手段，是灰色系统方法体系中一类重要方法。灰关联分析是一种用灰色关联度顺序来描述因素间关系的强弱、大小、次序。其基本思想是:以因素的数据列为依据,用数学的方法研究因素间的几何对应关系。自灰色系统理论理论创始人邓聚龙提出了灰关联空间定义及灰关联度的计算公式,在应用中又出现了很多改进模型。陈华友[35]等指出邓氏灰关联度的几个不足之处,提出了一个新的计算关联度公式,并证明了其具有对称性、唯一性和规范性的性质。刘思峰等[36]构造出分别从相似性和接近性两个不同视角测度序列之间的相互关系和影响的灰色关联分析模型,并研究了灰色相似关联度和灰色接近关联度的性质。王靖程[37]通过对现有灰色关联度模型研究,提出一种基于面积相似度量方法,以序列相邻采样点间对应面积作为灰关联系数计算依据,采用灰关联系数的均值作为序列间的灰关联度。党耀国[38]提出了多指标区间数关联决策模型,从而把灰色关联分析理论由实数序列拓广到区间数序列。党耀国[39]提出了基于动态多指标灰色关联决策模型,该模型充分考虑了各指标在系统中的成长特性,即考虑了各指标随着时间而变化的特性。

灰色关联分析的应用主要有以下几个方面:(a)先进制造技术中工艺参数的优化,通过灰关联分析,用灰关联度来衡量多项工艺指标,也就是将多项工艺指标的优化问题转化为单项灰关联度,从而实现了多项工艺指标的优化[40-43];(b)故障诊断[44];(c)综合评价、决策[45];(d)确定权重[46],崔杰[46]在分析现有权重确定方法不足的基础上,提出了一种基于灰色关联度求解指标权重的改进方法,并对其性质进行了研究。

(2)集对分析

20 世纪 60 年代,赵克勤产生了将集合论运用于自然辩证法的想法,经过多年研究,1989 年正式提出了一种的不确定性理论—集对分析[47]。所谓集对,就是具有一定联系的两个集合所组成的对子。集对分析从两个集合的同一性、差异性和对立性三个方面研究系统的不确定性,其核心思想是:认为任何系统都是由确定性和不确定性信息构成的。在这个系统中,确定性与不确定性相互联系、相互影响、相互制约,甚至在一定条件下可以相互转化,并用联系度来统一描述[48-49]。

基于哲学中对立统一观点的集对分析法一经面世,便在数学、物理、信息管理、经济、资源环境等领域得到了广泛的应用。文献[50]以全国各省自然灾害资料为例,探讨了集对分析在自然灾害风险度评价中的应用。文献[51]提出了集对分析在水安全评价中的应用,用联系度描述有关不确定性问题,充分利用研究问题中所包含的信息。该文中指出利用集对分析方法不用求权重值,实际上这一说法是不对的,该文实际上是先求出各个评价指标的联系度,然后再求平均值的方法得出综合联系度,即没有考虑各个指标重要性的差别。文献[52-53]利用集对分析三划分的思想,把一个区间数化成三个区域:确定能达到的完美程度、不确定能否达到的完美程度、确定不能达到的完美程度,把区间数的评价指转化成联系数的形式,然后利用集对分析的集对势来排序。文献[54]针对属性值和属性权重都用三角模糊数表示的多属性决策问题,提出了一种基于联系数的三角模糊多属性评价模型。通过运用集对分析的不确定性系统理论,利用三角模糊数的中值及上下确界所限定的取值区间,将三角模糊数转化为联系数。文献[55]运用集对分析的方法分析了上海、大连、武汉、厦门和广州等5个大城市的生态系统健康指数。文献[56]利用集对分析的方法进行水资源系统评价,该方法能够充分考虑各个标准等级阈值的模糊性,应用实例表明该方法概念上简单、计算上方便。文献[57]利用模糊集对分析对大型储存可燃气体的危险设备进行实时安全评价,并得出与普通模糊方法计算基本相一致的评价值。文献[58]提出了一种新的基于集对分析的模糊多属性决策方法,并运用于减速器设计方案的决策。

(3)随机不确定性

概率统计研究的是随机不确定现象,着重于考察随机不确定性现象的历史统计规律,考察具有多种可能发生结果的随机不确定现象中每一种结果发生的可能性大小。其出发点是大样本,并要求对象服从某种典型分布。

文献[59]采用随机多准则决策的PROMETHEE(Preference Ranking Organization Method for Enrichment Evaluations)方法对10个计算机开发项目排序,以确定最优的开发项目。文献[60]提出了基于证据推理的随机多属性决策方法。

(4)粗糙不确定性

1982年,Z. Pawlak发表了经典论文Rough Sets,宣告了粗糙集理论的诞生。此后,粗糙集理论引起了许多数学家、逻辑学家和计算机研究人员的兴趣,他们在粗糙集的理论和应用方面做了大量的研究。粗糙集的主要思想是在保持分类能力不变的前提下,通过知识约简,导出问题的决策或分类规则。

目前,粗糙集理论已被成功应用于机器学习、决策分析、过程控制、模式识别与数据挖掘等领域。文献[61]利用证据推理处理主观判断信息,利用粗集理论处理客观历史信息。在模糊多准则决策中粗糙集主要是用来确定属性的权重,文献[62]将决策者利用先验知识给定的主观权重同利用粗集理论确定的客观权重结合起来最终确定属性权重,实现主观先验知识同客观情况的统一,从而得出更加理想的权重。

粗糙集和模糊集、随机集、灰色集在处理不确定性和不精确性问题方面都推广了普通的集合理论。它们都是研究信息系统中知识不完全、不确定问题的重要方法,表1-2[63]列出了这几种方法的差异性比较。

表1-2 粗糙集理论与模糊集理论、随机理论及灰色理论的差异性比较

比较内容	粗糙集理论	模糊理论	随机理论	灰色理论
对象间关系的基础	对象间的不可分辨关系	概念边界的不分明性	数据的随机性	部分信息已知,部分信息未知
不精确刻画方法	粗糙度	隶属程度	概率	灰色测度
研究方法	对象的分类	隶属函数	概率密度函数	灰色序列生成

（续表）

比较内容	粗糙集理论	模糊理论	随机理论	灰色理论
对知识的近似描述	上下近似集	隶属程度	概率	灰数
先验知识	不需要	需要	需要	不需要
计算方法	粗糙度函数与上下近似集	连续特征函数的产生	数学期望与方差	灰数白化与灰度

(5)处理不确定性的集成方法

由于以上方法都是从某一角度上挖掘处理不确定性信息，如果同时从多个角度挖掘处理不确定性信息，则能更加逼真地刻画客观事物的复杂性和人类思维的不确定性。现在也有很多文献综合运用两种处理不确定性的方法。

正态云模型是用语言值表示的某个定性概念与其定量表示之间的不确定性转换模型，它主要反映了客观世界中事物或人类知识中概念的2种不确定性：模糊性（边界的亦此亦彼）和随机性（发生的概率），并把二者完全集成在一起，构成定性与定量相互间的映射[64]。正态云模型用相互独立的一组参数共同表达一个定性概念的数字特征，反映概念的不确定性。在正态分布函数和正态隶属函数的基础上，这组参数用期望、熵和超熵这3个数字特征来表征：期望是在论域空间中最能代表这个定性概念的点；熵代表一个定性概念可度量的粒度，通常熵越大概念越宏观，熵还反映了定性概念的不确定性，表示在论域空间中可以被定性概念接受的取值范围大小，即模糊度，是定性概念亦此亦彼的度量；超熵是熵的不确定性度量，反映代表定性概念的样本出现的随机性，揭示了模糊性和随机性的关联。文献[65]针对网络性能评估中存在模糊性和随机性问题，采用云模型和熵值理论，建立了基于云模型和熵权的综合评估模型。采用熵权计算各指标的权重，为确定权重提供了理论依据，采用云模型理论实现评估与评估指标值之间的不确定性映射，保留了评估过程的随机性。文献[66]提出核空间高维云模型并将其应用于多属性评价问题。文献[67]提出了基于云模型的电子产品可靠性评价方法。文献[68]提出了基于云模型的虚拟企业组织合作伙伴选择的方法。

文献[69]依据灰色理论和模糊数学，提出了一种新的从定性到定量转换的综合集成算法，它是由Delphi、层次分析法(Analytic Hierarchy Process，AHP)、灰色关联分析和模糊评判综合而成，并用实例证明了它的有效性和可靠性。文献[70]结合灰色综合评判和模糊综合评判方法的建模原理，提出了一种基于灰色关联度分析的灰色模糊综合评判模型，为综合评判提供了新的思路和方法。该模型的评判结果显示抗失效性高、适应性强，适用于不同类型的综合评判问题。文献[71]以灰色系统理论和模糊数学为基础，探讨了不确定决策问题的特性，分析了一些相关成果中所给出方法在直接处理灰色模糊数方面的优势与不足。运用优化理论和熵极大化准则，建立了基于灰色模糊关系的多属性群决策方法。文献[72]根据灰色模糊数学的理论，将隶属度和灰度综合起来表示灰色模糊数，在原有评判方法的基础上给出了适用性更广的灰色模糊综合评判方法，使得评判结果更加客观可信。

文献[73]给出了模糊集对分析方法，该方法将确定性信息和不确定性信息作为一对模糊集，从确定性和不确定性本身进行刻画，由客体中提取相对确定性信息，同时承认和考虑对应于一种刻画的相对不确定性信息，并视它们均为有用信息，该方法集确定与不确定分析为一体，体现了不确定性对结果的影响。文献[74]在给出了 Rough 逻辑算子和上、下近似集的值化定义基础上，将联系度概念应用于 Rough 集中，提出了 Rough 集联系度的概念。Rough 集联系度能同时给出 Rough 集的数字特征和拓扑特征，这为 Rough 集理论的逻辑研究提供了较大的方便。文献[75]提出了集合型 Rough 集联系度概念，以及利用 Rough 集联系度对决策表进行条件属性简化和属性冗余值简化的计算方法，并通过实例说明该方法较之传统的 Rough 集理论约简方法更简单。

1.3.3 模糊多准则决策机械制造过程中的应用研究现状

1.3.3.1 在材料决策中的研究现状

中外很多学者致力于材料决策方面的研究。文献[15]从评价指标体系的构建、权重的确定、评价方法的选择等几个方面论述了材料选择的过程，并在最后一章中以 Delphi 7 作为开发平台，采用面向对象的程序设计技术建立集信息存储、管理、查询和综合评价于一体的工程材料综合评价系统。该文的优点是系统全面，具有一定的实际应用价值。但该文的方法过于理想化，没有考虑实际决策过程中的不确定因素(例如权重的不确定、属性值的不确定等)和属性之间的关联性。文献[76]介绍了基于材料体系数据库的材料适用性选材评价工作流程。文献[77]利用灰色局势决策方法为某大型载重车的支撑铜套选择材料。文献[78]分析了专家系统和人工神经网络各自的特征和优缺点及其在选材方面的应用，提出了在传统专家系统的基础上加入人工神经网络模块，建立基于人工神经网络的混合智能型常用齿轮材料选择专家系统，并得到了令人满意的结果。文献[79]结合建立机械工程材料共享数据库平台和专家咨询系统的研究实践，指明材料数据库及其专家咨询系统在选材方面的作用和效益，可为用户快速、全面地查找材料信息提供帮助。文献[80]提出了基于区分度的指标定量分析方法，该方法计算简单、实用，弥补了其它指标定量分析方法的不足，使得综合评价的指标体系更加科学，权重的分配更加合理和准确，评价结果也更加真实和可靠，具有一定的实用价值。文献[81]把材料选择过程分为 4 步：确定设计任务，材料性能分析，材料初步筛选，评价和决策选出最优材料，验证选择结果，并指出目前的大部分文献都集中在第三步，即评价和决策选出最优材料。有很多评价和决策方法被提出，这些方法总体上分为三类：

(1)单目标或多目标优化的方法。以某一指标作为目标函数,例如成本最低,以其他指标作为约束条件,例如文献[82]是以成本和生态指数最小为目标函数求解一个多目标优化问题,文献[83]以最好的物理性能、最低的生命周期成本和最低的生命周期环境影响为目标函数,利用遗传神经网络求解这个多目标优化问题。

(2)运用模糊推理系统进行决策。文献[84]提出模糊逻辑方法在机械工程设计中的材料选择。文献[85]提出了模糊加权平均法,目的是推广模糊推理系统至不确定环境。

(3)模糊多属性决策方法(Multiple Attribute Decision Making,MADM)。这类方法又可分为 2 类[86]:一是基于多属性效用理论(Multi－Attribute Utility Theory,MAUT),它首先给出每个属性下的效用函数,再通过加权等集成方法进行综合得出方案的总效用,从而判断方案的优劣,主要包括简单线性加权方法(Simple Additive Weighting,SAW)、理想解法(Technique for Order Preference by Similarity to Ideal Solution,TOPSIS)和 VIKOR(the Sebian name is 'Vlse Kriterijumska Optimizacija Kompromisno Resenje' which means multi－criteria optimization and compromise solution);二是基于级别优先序理论(Outranking Relation),主通过两方案之间的比较,确定一个方案是否优于另一个方案,并逐一完成判断,得到全部方案的有序关系,主要包括消去与选择法(Elimination et Choice Translating Reality,ELECTRE)和偏好顺序结构评估法(Preference Ranking Organization Method For Enrichment Evaluations,PROMETHEE)等。

单目标优化的方法只是片面追求单个目标最优。这种方法选出的材料不一定是综合属性最优的材料,因为根据该方法,只要满足约束条件,则这些约束性能指标,不管性能好坏都不影响决策。模糊推理应用中存在一个主要问题是模糊规则会随着输入变量和模糊子集的增加而导致指数级增长,过多的规则使模型复杂,计算时间过长。所以模糊多属性决策的方法应用最为广泛。模糊多属性决策主要包括三个方面的内容:属性值规范化、属性的权重求取和信息集结方式。属性值规范化是获得无量纲数据使得所有属性的数据具有可比较性。文献[87]提出了基于目标的属性值规范化方法(Target－Based Normalization Technique),该方法不仅能处理常用的成本型指标和效益型指标还能处理固定性指标。文献[88]提出了基于统计学 Z 变换的属性值规范化方法,该方法的优点是能保证针对任一属性的规范化后的属性值代数和为零。文献[89]提出了一种非线性规范化方法,该方法能够弱化极大值和极小值的影响以得到更加合理的规范化属性值。在评价决策时各属性对评价决策结果的影响重要性是不同的,因此引入权重的概念衡量各属性的重要程度。权重的确定方法有主观赋权法、客观赋权法和组合赋权法三种。文献[90]通过计算属性值的偏差来确定权重,根据该方法,如果属性值的偏差越大,则该属性的权重值则较小。而根据文献[87]确定权重的方法,则如果属性值的偏差越大,则该属性的权重值也较大。根据熵权的原理,如果属性值偏差较大,则说明该属性提供的有用信息越多,应该赋予较大的权重。所以文献[90]确定的权重的方法有些不尽合理。文献[91]提出了一种组合赋权方法,采用统计偏差方法确定的权重作为客观权重,决策者根据经验直接赋予的权重作为主观权重,客观权重和主观权重的线性加权和作为最终属性的权重。文献[92]提出了一种复杂比例分配(Complex Proportional Assessment)的排序方法。文献[93-94]提出了基于模糊公理设计(fuzzy axiomatic design,FAD)的材料选择方法。

1.3.3.2 熔融堆积成型制造工艺参数优化

所谓成型(Forming)就是将物质有序地组织成具有确定外形和一定功能的三维实体,成形包括三个基本过程。(a)物质的提取,(b)序的建立,(c)完成具有确定的形状与功能的三维实体[95]。目前快速成型工艺方法有十多种,各种快速成型方法有自身的特点和适用范围。比较成熟并已商品化的成形方法有光敏树脂液相激光固化(SLA)、选择性粉末烧结(SLS)、叠层实体制造(LOM)、熔融堆积成形(Fused Deposition Modeling,FDM)等四种。与传统的加工制作方法相比,快速成型技术在原型的制作成本、通用性和柔性等方面有着很大的优势,而就精度和效率而言,它的优势不是十分明显,甚至距传统方法还有一定的差距。例如,无论在产品的尺寸精度还是表面质量方面,快速成型制件还难以达到高精度数控加工设备所具有的精度水平,正是这方面的差距限制了它在各个领域的进一步发展和应用[96]。由此可见,精度问题对于快速成型技术发展和应用来说是至关重要的,同时也有着广阔的发展空间。尤其当原型被用作母模、注塑模或EDM电极等来进行产品批量生产时,它对于最终产品的质量起着决定性的作用。

文献[97-98]利用实验分析了熔融堆积成型的常见工艺参数对制件精度的影响,文献[99]在文献[95]的基础上进一步利用稳健设计的方法确定最优工艺参数组合。文献[41]则又在文献[99]的基础上利用灰色系统理论中灰关联度,把多个考察指标转化一个考察指标关联度,从而把一个多目标优化问题转化为一个单目标优化问题。文献[100]采用BP(Back Propagation,BP)神经网络方法对FDM成型件的精度进行预测,预测误差在6%以内,具有很高的预测精度,可以指导实际应用。文献[101]采用灰色田口分析方法分析了工艺参数对制件精度的影响,由于工艺过程的复杂性,很难建立工艺参数和制件精度制件的函数关系,所以采用神经网络的方法对制件精度进行预测。文献[102]使用一个包含22个尺寸、几何精度及表现粗糙度特征的测试件,采用一个具有最少实验次数的正交实验得到27个FDM原型,得到各单项指标的主要影响因素及最佳水平设置。文献[103]在研究FDM工艺喷头挤出丝截面形状的基础上,建立了理论轮廓线的补偿模型,并通过实例对该模型进行了验证,结果表明所提出的补偿方法能对FDM工艺原型尺寸进行正确补偿。文献[104]采用田口方法分析了层厚、线宽、扫描速度、挤出速度等工艺参数及其交互作用对制件精度的影响,得出层厚对制件精度具有最为显著的影响。文献[105]通过实验采用田口方法、正交实验、信噪比等方法得出了使得成型制件具有最远抛射距离的最优工艺参数组合方案。

1.3.3.3 敏捷供应链构建与优化研究现状

敏捷供应链的构建与优化分为2个阶段，首先是从大量潜在的合作伙伴中初选合作伙伴；其次是从整条供应链角度，以成本最低、满意度最高等目标函数出发，进一步精选合作伙伴及确定最优任务分配等。研究合作伙伴决策的论文不胜枚举。文献[106]归纳和总结了在合作伙伴决策中经常运用的各种方法，并得出结论：数据包络分析、数学规划、和层次分析法(Analytic Hierarchical Process，AHP用得最为普遍。

数据包络分析(Data Envelopment Analysis，DEA)是对多指标投入和多指标产出的相同类型部门，进行相对有效性综合评价的一种方法，也是研究多投入多产出生产函数的有力工具。DEA在处理多输入多输出问题上具有特别的优势，主要由于以下两个方面：(a)DEA以决策单元的输入输出权数为变量，从最有利于决策单元的角度进行评价，从而避免了确定各指标在优先意义下的权数；(b)DEA不必确定输入输出间可能存在的某种显式关系，这就排除了许多主观因素，因此具有很强的客观性。文献[107]首先比较分析了DEA和AHP方法：DEA方法可利用合作伙伴的输入输出数据来判定合作伙伴的有效性，提供了一个利用客观数据来评价合作伙伴的方法，但该方法只能解决决策单元的相对有效性问题，只能将决策单元分为相对有效和非有效两组，AHP方法则可充分利用决策者的主观判断。该文首先利用DEA计算各合作伙伴的有效性指标，然后利用AHP方法将各合作伙伴的有效性指标两两比较构造判断矩阵，最后利用特征根的方法求出权重向量。文献[108]将虚拟企业伙伴选择过程分为三个步骤：过滤、筛选和最优组合。首先应用关系理论对潜在的合作伙伴进行过滤，关系理论给出了合作伙伴选择所使用的五个维度：持续时间、交互联系频率、多样性、对称性及合作关系的共同提高；筛选阶段采用DEA技术筛选出合适的合作伙伴；采用0—1目标规划模型确定相容合作伙伴的最佳组合。对一个决策单元，如果输入输出指标选取得不同，则决策单元的有效性指标也将不同，而选取什么指标作为输入指标，什么指标作为输出指标，则完全取决于决策者，这也是DEA方法的不足之处。文献[109]针对指标值中既有序数又有基数的情况下提出了一种新的DEA决策方法。

AHP能帮助决策人员将问题的几个重要方面构建类似于系谱树的层次结构，能通过两两比较得到判断矩阵，从而对准则和备选评分。由于客观事物的复杂性，有时人们很难给出两两判断比较重要性的精确值，而只能给出一个大致的范围，于是很多文献把AHP方法和模糊集理论结合起来，产生了模糊层次分析法，例如文献[110]就是采用模糊层次分析法选择合作伙伴。

目标规划或模糊目标规划是解决存在多个目标的最优化问题的方法，它把多目标决策问题转化为线性规划求解。文献[111]就是利用模糊目标规划的方法选择最优的合作伙伴。模糊目标规划法相对于层次分析法的优点是在确定合作伙伴时能同时确定最优的订货量。

除了这三种最常见的方法之外，众多的学者还提出了许多其他方法。文献[112]提出了一种基于 PROMETHEE 的合作伙伴决策方法。该方法根据每一方案在各属性的满足程度上的差异来刻画每一方案之间的差异。它包括两个基本步骤：一是在方案集中构造一种基于一般性准则的赋值优先关系，从而说明决策者的偏好；二是利用优先关系定义每一方案的"正流量"和"负流量"。文献[113]提出了一种一致模糊偏序关系的方法用于合作伙伴决策。文献[114]采用证据推理的方法选择合作伙伴，证据推理是一种被广泛采用的处理不确定信息的数据融合方法，在专家系统、人工智能、模式识别和决策分析等领域有着广泛地应用。文献[115]提出了改进灰色多层次评价法进行虚拟企业合作伙伴的选择，旨在提供一种具有重要参考价值的定量分析方法。文献[116]在决策信息不完全的情况下采用 TOPSIS 群决策法选择合作伙伴。文献[117]深入分析了虚拟企业合作伙伴的选择过程和决策因素，建立了虚拟企业合作伙伴的评价指标体系，并给出了一种合作伙伴的优化决策的方法。

文献[118]采用集中决策方式从整条供应链的角度优化供应链网络，优化的目标有：成本、质量水平、服务水平。利用网络分析法求出各个目标的权重，然后将这些目标加权成一个单一的目标，从而将多目标优化问题转为单目标优化问题。文献[119]采用集中决策的方式构建网络化制造资源服务链，优化的目标是时间最短、成本最低，优化的方式是改进的蚁群算法。文献[120]从数学方法上分析了多层优化问题的解法，由于方法过于复杂，将多层优化方法应用于供应链构建优化的论文是少之又少。文献[121]提出了一种带有协调中心的交互双层优化决策方法。

1.3.4 存在的主要问题

综上所述，无论是不确定性决策理论研究还是模糊多准则决策在机械制造过程中材料决策、熔融堆积成型工艺参数优化和敏捷供应链的构建与优化等方面都开展了大量卓有成效的研究工作，取得了一定的研究成果，但仍存在一些没有解决的问题。由于本论文是研究面向机械制造过程的模糊多准则决策方法研究，所以，下面主要分析研究模糊多准则决策在材料选择决策、快速成型工艺参数优化和敏捷供应链构建与优化应用中仍然存在的一些没有解决或需进一步完善的问题。

1.3.4.1 材料选择决策和合作伙伴初选决策

(1)属性之间的关联性体现不充分

目前大部分决策都是假设属性之间相互独立的条件下进行的。而实际上不同属性之间存在不同程度的关联。例如，绿色材料决策属性中，一般来讲硬度越大弹性模量越低，强度越高拉伸率越低；维修决策属性中，故障危害大的维修费用相应也高些，技术可靠性好的维修方案则员工易于接受。文献[122]中指出与不考虑关联的 FMCDM 理论相比较，基于关联的 FMCDM 理论具有以下优点：

(a)基于关联的 FMCDM 理论更科学，不考虑关联的 FMCDM 理论对实际问题的描述过于理想，基于关联的 FMCDM 能更准确地对实际决策问题建模。

(b)基于关联的 FMCDM 理论更具有一般性。基于关联的 FMCDM 理论并不是对不考虑关联的 FMCDM 理论的否定，而是不考虑关联的 FMCDM 理论的更一般形式，不考虑关联的 FMCDM 理论是基于关联 FMCDM 理论的特例。

(c)基于关联的 FMCDM 理论能更充分地利用决策信息。Felix 等指出属性间的关联很重要，它反映了属性间的结构关系，并且这些关联可以帮助决策者更好地理解决策问题。

(2)属性的类型及属性值的表达不完善

大部分文献只是把属性的类型分为成本型和效益型，少数文献把属性的类型分为成本型、效益型和固定型，但这仍然不能包括所有属性类型的情况。实际上属性的类型应该包括成本型、固定型、区间型、效益型、远离型、远离区间型等 6 种。大部分文献都是把属性值表达为精确的实数，如果不能表达为精确的实数，则采用语言信息来表达，传统的方法是把这类语言标度用有限的离散序偶对来刻画，这显然有悖于模糊理论的初衷，还有的文献在处理模糊语言信息时给出语言偏好信息的隶属函数，例如“高”“很高”等语言的隶属函数分别用三角模糊数[0.7,0.9,1.0]和[0.9,1.0,1.0]表示，而事实上隶属函数在实践中并不是总能获得，因而该方法在实际应用中仍存在一定的困难。Herrera 等[123]提出的二元语义可直接对语言评价信息进行计算。目前有很多文献研究基于二元语义的决策方法及其在智力资本价值测评、信息融合、教学课件评价及高校档案管理中的应用。

由于不同的属性具有不同的特性，有的是定性的，有的是定量的；另外在群决策过程中不同的专家即使对同一属性的认识也不同，从而出现在群决策过程中不同的专家对同一属性采用不同的属性值表达方式，有的是模糊语言，有的是序关系等。这种混合情况下的决策问题，如何将属性值得表达规范化，目前较少有文献研究这类问题[124]。

1.3.4.2 熔融堆积成型工艺参数优化

(1)不能在整个可行域内选择最佳工艺参数

大部分文献都是采用田口及方差分析方法得出各工艺参数对制件精度的影响程度及最佳工艺参数组合，这种方法得出的最优工艺参数局限于选定的实验参数水平上，而实际上最优参数值并不一定就是在选定的实验参数水平上，而可能是可行域内的其他值，采用田口及方差分析方法无法找到这些最优工艺参数，因此有必要探索其他分析方法。

(2)灰关联度计算方法存在缺陷

在熔融堆积成型工艺参数优化中，早期的一些文献只是考虑单一优化目标下选择最佳工艺参数。随着研究的深入，越来越多的研究者认识到为了达到较好的加工效果，仅考虑单一的目标不能满足要求，例如不仅精度要高而且要具有较高的加工效率，所以是一个多目标优化问题。有的文献[118,125]先给每个目标赋予一个权重值，然后采用线性加权方法将一个多目标优化问题转为单目标优化问题，但是目标权重值的确定具有一定的主观性。有很多文献[41-43]采用灰关联度方法将一个多目标优化问题转化为一个单目标优化问题。然后文献[35]又指出了灰关联度的计算方法具有以下几个缺陷：(a)当分辨系数 ρ 取不同值时，灰色关联度值可以改变，即灰关联度值是不唯一的；(b)灰关联度不具有保序效应(是指在原有方案集中加入或删除一个方案，则会改变原方案的排序)；(c)灰关联度不满足规范性。例如设$\boldsymbol{x}_o=[1,2,\cdots,10]$为参考序列，$\boldsymbol{x}_1=[11,12,\cdots,20]$、$\boldsymbol{x}_2=[1,1,1,\cdots,1]$为比较序列(序列曲线如图 1-6 所示)。取分辨系数 $\rho=0.5$ 并假设序列中的各数据同等重要，按照灰关联度计算方法则参考序列与$\boldsymbol{x}_1$ 的灰关联度 $r(\boldsymbol{x}_o,\boldsymbol{x}_1)=0.3333$，参考序列与$\boldsymbol{x}_2$ 的灰关联度 $r(\boldsymbol{x}_o,\boldsymbol{x}_2)=0.5841$，显然，$r(\boldsymbol{x}_o,\boldsymbol{x}_1)<r(\boldsymbol{x}_o,\boldsymbol{x}_2)$，而从图 1-5 来看，显然是参考序列$\boldsymbol{x}_o$ 与比较序列$\boldsymbol{x}_1$ 的形状相似性好。(d)如果分辨系数 $\rho=0.5$，则灰关联度的值恒大于或等于 1/3。因此有必要探索一种新的将多目标转化为单目标的方法。

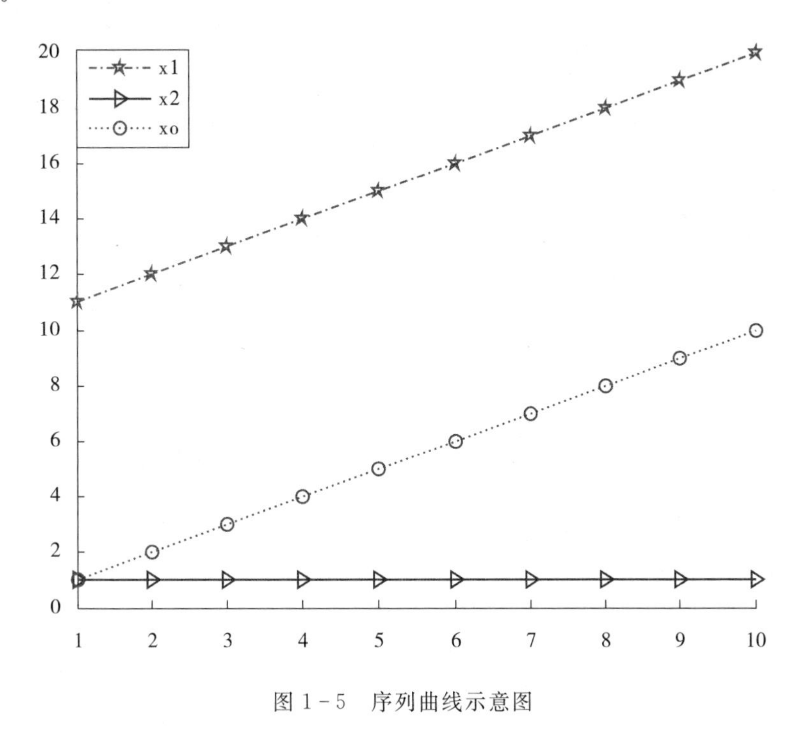

图 1-5　序列曲线示意图

1.3.4.3　合作伙伴精选及最优任务分配

(1)求解过程缺乏不同层次决策者的满意度值协商机制

目前大部分文献采用的是集中决策方式，具有强大实力的盟主经由一个统一的决策层通过有效的集成信息交换系统把供应链网络中的各个节点企业整合到一个统一的系统中进行高度集中的决策，即将各层次目标函数集成一个总的目标函数，一次性优化就得到各目标函数的满意度值。这种方式加强了对原材料供应、产品制造、分销全过程的有效一体化管理，消除了上下游企业间的对立，增强了供应链抗风险能力，但这种方法只考虑了盟主利益而没有考虑供应链上各联盟企业的利益，从而挫伤各联盟企业积极性，影响了供应链的长期稳定运行。因此应该采取一种新的交互式决策方式，不是一次优化就得到决策结果，而是通过不同层次决策者之间的相互交流沟通，加深对问题的理解，明确偏好结构，最终不同层次决策者都获得合适的满意度值。

(2)模型参数的不确定性体现不充分

文献[7]指出现在大部分文献采用的是确定性数学模型，而没有考虑在供应链运作过程中出现的各种不确定性。由于环境的复杂性和突变性，供应链一般是在不确定的环境下运行。表达不确定性的方法有模糊方法和随机方法。用概率来描述不确定性的最大缺陷是，必须得到精确的历史统计数据，否则不确定性的概率就无法获得。随着生产经营过程日益复杂，产品生命周期越来越短，要想获得精确的历史统计数据很难，甚至是不可能，于是人们纷纷用模糊数学来表述各种系统中的不确定性。

1.4 主要研究内容(Main Research contents)

(1)基于属性关联的 PROMETHEE 方法在材料决策的应用研究

研究 6 种不同属性之间的关系，并且在此基础上提出属性值规范化的方法。由于层次分析法没有考虑属性之间的关联性，本专著采用了网络方法(Analytic Network Process，ANP)确定属性的权重。利用网络分析法确定权重的方法主要有超矩阵法和关联矩阵法。不管是超矩阵法还是关联矩阵法都需要利用判断矩阵确定权重，本专著提出了一种通过交互式的方法直接构造一致性互反判断矩阵的方法，利用该方法无须进行一致性检验。研究了基于关联的 ROMETHEE 决策方法。最后利用该方法为机床用液体动力润滑径向滑动轴承选择合适的轴承材料。

(2)基于模糊推理响应面的快速成型工艺参数优研究

通过实验分析了各种工艺参数对制件精度的影响，然后以对制件精度有显著影响的四种工艺参数：线宽补偿、挤出速度、填充速度和层厚为控制因子，以制件的尺寸误差、翘曲变形和加工时间三个指标为考察指标(响应输出值)，采用均匀实验设计方法(均匀实验设计表为 $U_{17}(17^{16})$)得出控制因子和考擦指标之间的数值关系。采用模糊推理的方式将四个考考察指标值转为一个综合响应输出值，然后利用响应面的方法建立起四个控制因子和综合响应输出值之间的数学模型，利用神经网络的方法验证数学模型的准确性和可靠性。为了得到最佳的工艺参数组合方案，采用内点罚函数法，将一个带有约束的优化问题转为无约束优化问题，然后直接利用遗传算法工具箱求解得到最优工艺参数。最后通过实验验证了结果的正确性。

(3)基于模糊 Choquet 积分的敏捷供应链合作伙伴初选群决策

敏捷供应链构建与优化主要分为两个阶段：合作伙伴初选和精选及最优任务分配。在合作伙伴初选阶段，由于是面临新任务的决策，所以决策信息不完全，是一个混合多属性决策问题。首先分析了处理语言评价信息的四种常见计算模型和不同粒度模糊语言信息一致化方法，分析了将其他偏好信息(精确数、区间数、三角模糊数、序关系值)转化为标准语言评价集中模糊语言值的方法。

对于不考虑关联的多属性决策，属性集的模糊测度就等于属性集中各属性的模糊测度和；而对于考虑关联的多属性决策问题，则属性集的模糊测度就不再是简单地等于属性集中各个属性的模糊测度的和，因为有的属性之间存在冗余关系而有的属性之间存在互补关系。如果两个属性之间存在冗余关系，显然这两个属性组成属性集的模糊测度就应该小于这两个属性的模糊测度的和；如果两个属性之间存在互补关系，显然这两个属性组成属性集的模糊测度就应该大于这两个属性的模糊测度的和。为了确定属性及属性集的模糊测度，本章首先分析了模糊测度、模糊积分的基本概念，论述了模糊测度、默比乌斯变换和关联系数三者之间的转换关系，提出了基于最大熵原则的 2－可加模糊测度确定方法。提出了基于关联的二元语义混合加权几何平均算子。最后将该方法应用于汽车制造敏捷供应链中合作伙伴的初选决策。

(4)基于交互双层模糊规划的合作伙伴精选及最优任务的分配

在敏捷供应链优化的数学模型构建过程中既有确定性参数又有不确定性参数，既有二进制数又有整数，而且各参数之间的相互关系复杂多样。在构建优化模型过程中考虑因素过于全面则使得模型过于复杂，极大地提高了求解的难度，甚至在现有的条件下无法求解；在一定理想化的假设条件下建立优化模型，虽可降低模型建立、求解的复杂性，但结果的可靠性、准确性遭到质疑。本章在协调这两者之间矛盾的基础上，以一个包含供应商、制造商、分销商、和客户的三级供应链网络为例，建立优化数学模型。然后在分析现有各种模糊规划求解方法的基础上，提出了基于交互双层模糊规划方法，利用软件 LINGO13 求解该模糊规划，得出最终的精选合作伙伴及最优任务分配。该方法兼顾了上下层各自的利益需求。经过上下层决策者反复交互协商，最终得到上下层决策者均可接受的妥协优化解。

本论文的技术路线和主要研究内容如图 1－6 所示。在大量研究文献的回顾和综述的基础上，确定本专著采用的理论和方法，根据决策问题的背景和目标构建决策优化模型，然后利用实例验证、修改和完善模型。

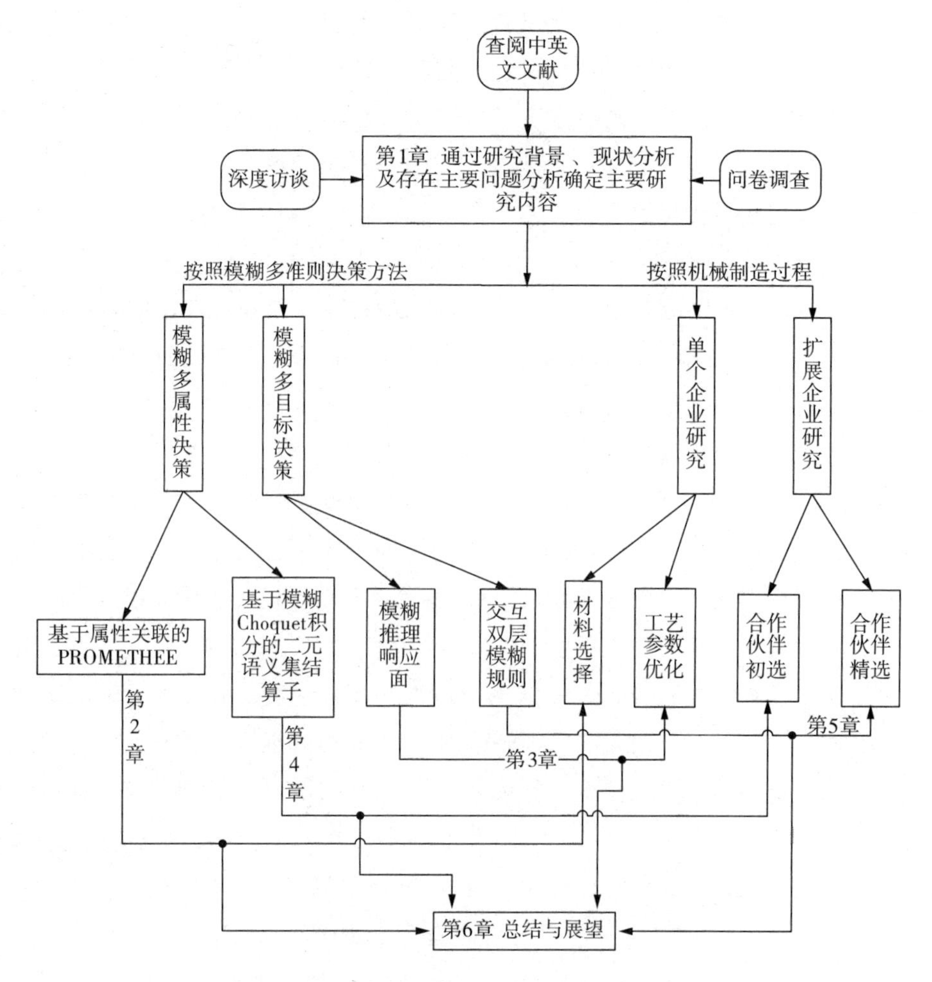

图1-6 本论文研究主要内容及技术路线

1.5 本章总结(Summary)

本章首先阐述机械制造过程的概念及机械制造业的重要地位。介绍了机械制造过程中存在的一些常见决策问题,并指出这些决策问题一般都是处在模糊不确定环境下,因此模糊多准则决策是解决这类问题的比较好的方法,并阐述了本专著的研究目的和意义。介绍了模糊多准则决策的相关概念,分析了模糊多准则决策及其在机械制造过程中应用的研究现状及其存在的主要问题。最后确定了本论文的主要研究内容、技术路线。

2 基于属性关联的 PROMETHEE 方法及在材料决策中的应用

2.1 引言(Introduction)

在机械制造过程中为了获得低成本、高性能的产品,首要的是在可用的材料中选择出最优的材料,材料选择的好坏直接影响到产品的质量、成本、销售和使用寿命。由于选材不当而造成机械零件在使用过程中发生早期失效,甚至造成设备故障和人员伤亡屡有发生,因此不合适的材料选择影响到一个企业的生产效率、利润和声誉[126]。而且当今新材料不断出现,必须对原有的材料重新评价,确定是否要用新材料代替原有材料以达到降低成本、提高性能和减轻重量的目的。因此材料选择是机械制造过程中经常面临的一项决策任务。

首先,需根据零件的功能要求确定评价指标,传统的评价指标一般只包括经济性、工艺性和使用性能等,但随着工业的发展和消费者需求的提高,仅考虑这些指标已经满足不了决策要求。例如,随着环境问题、资源问题越来越突出,人类也越来越追求绿色制造,面向绿色制造的材料选择较之传统的材料选择是一种全新的理念和模式,它对推进资源、环境和社会的可持续发展,建设资源节约型和环境友好型社会,发展循环经济,提升制造业的核心竞争力具有重要意义,因此评价指标又必须考虑环境协调性[127]。文献[128]中指出现在大部分文献都是在设计方案确定后进行材料选择,今后机械设计制造的一个方向是在设计初期同时考虑到结构设计和材料选择,将结构设计和材料选择并行进行。因此要从众多的材料中选出合适的材料是工程设计者面临的一项复杂而繁琐的任务。国际期刊《Materials and design》上有大量的与此相关的论文发表,兰州理工大学张天云的博士论文[15]则是专门论述材料合理选择。传统的选材大多是在了解工程材料的分类和常用材料特征的基础上,结合以往选材经验对零件或制品用材进行选择,主要有经验选材、行业传统选材、试行错误法、类比法和筛选法等方法[129]。现代选材方法是将其他学科的成就(信息技术、系统工程等)与传统选材方法结合,总体上分可为三大类:单目标或多目标优化方法、模糊推理的方法和模糊多属性决策方法。其中以模糊多属性决策(FMADM)方法应用最为广泛。

多属性效用理论是应用最为普遍的一种多属性决策方法,它首先定义每个属性下的效用函数,再通过加权等集结方法得出每个方案的总效用,主要包括模糊综合评判、理想解法(TOPSIS)和 VIKOR 等方法。但它存在的一个主要缺点是存在"决策补偿效应",对一个指标的高评分能弥补对另一个指标的低评分[130]。假设两个方案(Alternatives, al)(al',al'')的规范化的三个属性值分别为 $\boldsymbol{r}'=(0.56, 0.25, 0.16)$,$\boldsymbol{r}''=(0.42, 0.30, 0.20)$,并且假设各属性值的权重相等,当采用多属性效用理论中的线性加权方法集成各属性值时,可得出方案 1 的综合得分(Score)为 $\mathrm{Sc}(al')=0.97$,方案 2 的综合得分为 $\mathrm{Sc}(al'')=0.92$,按照线性加权方法则方案 al′优于 al''。另一方面既然在三个属性中方案 al'' 中有 2 个属性值优于方案 al',显然结论方案 al'' 优于 al' 更合理和易于接受,产生错误的原因就是因为多属性效用理论存在决策补偿效应。所以本章采用基于级别优选序(Outranking Relation)关系法进行决策,该方法逐一比较两个方案,确定两方案之间优序关系,最终得到全部方案的优序关系,ELECTRE(消去与选择法)和 PROMETHEE(偏好顺序结构评估法)法是典型的两种优序关系决策方法。PROMETHEE 法具有很好的数学特性及使用方便的特点,并且在各个领域中均得到广泛的应用。文献[131]综述了 PROMETHEE 在环境管理、水文管理、商业和金融管理、化学工程、后勤和交通运输、机械制造和装备、能源管理等方面的应用。文献[132]把 PROMETHEE 方法推广到普通模糊数的情况下。文献[133]运用 F-PROMETHEE 和 0-1 规划模型用于设备的选择。所以本章采用 PROMETHEE 法决策。

在材料选择过程中,不仅要考虑很多属性,并且不同属性的属性值具有不同的特点,有的属性可以用精确的实数表示,有的只能用不确定的区间数表示,还有的只能用模糊数或模糊语言表示,因此又是一个混合的多属性决策问题[134]。大部分文献只是把属性的类型分为成本型和效益型,本章对成本型和效益型属性进行了扩展,并深入地分析了它们之间的关系,在此基础上利用区间数距离的方法提出一个属性值规范化公式,该公式简洁明了,适用于所有属性类型。

大部分材料选择方面的文献都是假设属性之间相互独立的。而实际上有的属性之间存在不同程度的关联,例如硬度和弹性模量,硬度越高则弹性模量越低;强度和拉伸率,强度越大,一般拉伸率就较小。网络分析法(ANP)是层次分析法(AHP)在考虑属性关联后的扩展,能够比较逼真地描述和处理属性之间的各种关联性。因此本章采用 ANP 的方法确定属性权重。

2.2 属性的类型及规范化方法 (Attribute Types and the Methods of Normalization)

2.2.1 属性类型及其相互之间关系

属性的类型(Type)型分为效益型(Ty_1)、成本型(Ty_2)、固定型(Ty_3)、偏离型(Ty_4)、区间型(Ty_5)和偏离区间型(Ty_6)。属性值越大越好的属性称为效益型属性;属性值越小越好的属性称为成本型属性;属性值越接近某个固定值 g^j(属性 j 的最优值)越好的属性称为固定型属性;属性值越偏离某个固定值 p^j(属性 j 最差值)越好的属性称为偏离型属性;属性值越接近某个固定区间$[g_1^j, g_2^j]$($\tilde{g}^j$ 为优区间)越好的属性称为区间型属性;属性值越偏离某个固定区间 $\tilde{p}^j=[p_1^j, p_2^j]$($\tilde{p}^j$ 为劣区间)越好的属性称为偏离区间型。图 2-1 显示了这 6 种属性之间的关系。如果优区间 $g_1^j=g_2^j=g^j$,则区间型属性退化为固定型属性;如果优值 $g^j=0$,则固定型属性退化为成本型属性。如果劣区间 $p_1^j=p_2^j=p^j$,则远离区间型属性退化为远离型属性;如果劣值 $p^j=0$,则远离型属性退化为效益型属性。

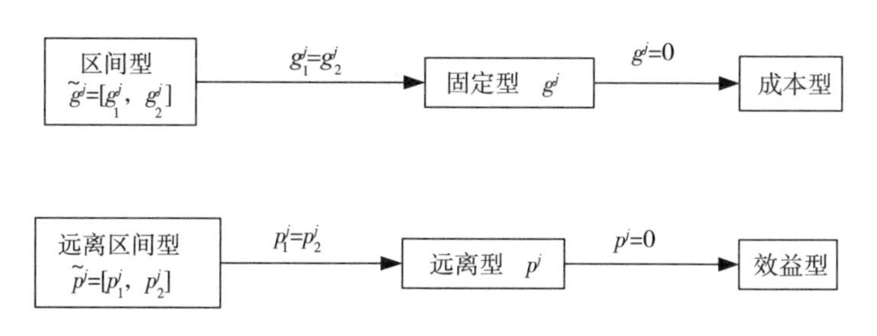

图 2-1 属性类型之间关系示意图

2.2.2 属性值规范化方法

2.2.2.1 定量属性

由于不同的属性具有不同的物理单位,不同物理单位的属性之间无法直接比较大小,因此在多属性决策之前必须对属性进行规范化处理,以消除物理单位的影响。假设全体备选方案集为 AL,AL=$\{al_1, al_2, \cdots al_i, \cdots, al_m\}$,全体决策属性(Criteria)集为 $\boldsymbol{C}$,$\boldsymbol{C}=\{c_1, c_2, \cdots, c_j, \cdots, c_n\}$,$b_{ij}$ 是第 i 个方案的第 j 个属性的原始值,$b_j^{\max}=\max\limits_{\forall i}\{b_{ij}\}$,$b_j^{\min}=\min\limits_{\forall i}\{b_{ij}\}$。$b_{ij}^*$ 是第 i 个方案的第 j 个属性的规范化中间值,r_{ij} 表示规范化最终值。文献[17]指出一个理想的规范化方法一般应满足 6 条假设性质:单调性、差异比不变性、平移无关性、缩放无关性、区间稳定性和总量恒定性。并且该文献同时指出,可以证明,同时满足上述 6 条性质的理想规范化方法是不存在的，任何一种规范化方法仅能满足其中的某几条性质。可以证明极值化方法只有总量恒定性不满足，其余 5 条都满足，因此是一种比较好的属性规范化方法，得到广泛地使用。目前大部分文献都是为每一种属性类型定义一个规范化公式，显得比较啰嗦，例如文献[135]利用极值化方法为每个属性类型定义一个的规范化公式如下：

$$b_{ij}^{*}=\frac{b_{ij}-b_{j}^{\min}}{b_{j}^{\max}-b_{j}^{\min}} \quad j\in Ty_{1} \tag{2-1}$$

$$b_{ij}^{*}=\frac{b_{j}^{\max}-b_{ij}}{b_{j}^{\max}-b_{j}^{\min}} \quad j\in Ty_{2} \tag{2-2}$$

$$b_{ij}^{*}=\frac{\max\limits_{\forall i}|b_{ij}-g^{j}|-|b_{ij}-g^{j}|}{\max\limits_{\forall i}|b_{ij}-g^{j}|-\min\limits_{\forall i}|b_{ij}-g^{j}|} \quad j\in Ty_{3} \tag{2-3}$$

$$b_{ij}^{*}=\frac{|b_{ij}-p^{j}|-\min\limits_{\forall i}|b_{ij}-p^{j}|}{\max\limits_{\forall i}|b_{ij}-p^{j}|-\min\limits_{\forall i}|b_{ij}-p^{j}|} \quad j\in Ty_{4} \tag{2-4}$$

$$b_{ij}^{*}=\frac{\max\limits_{\forall i}[\max(b_{ij}-g_{1}{}^{j},g_{2}^{j}-b_{ij})]-\max(b_{ij}-g_{1}{}^{j},g_{2}^{j}-b_{ij})}{\max\limits_{\forall i}[\max(b_{ij}-g_{1}{}^{j},g_{2}^{j}-b_{ij})]-\min\limits_{\forall i}[\max(b_{ij}-g_{1}{}^{j},g_{2}^{j}-b_{ij})]} \quad j\in Ty_{5} \tag{2-5}$$

$$b_{ij}^{*}=\frac{\max(b_{ij}-p_{1}{}^{j},p_{2}^{j}-b_{ij})-\max\limits_{\forall i}[\max(b_{ij}-p_{1}{}^{j},g_{2}^{j}-p_{ij})]}{\max\limits_{\forall i}[\max(b_{ij}-p_{1}{}^{j},g_{2}^{j}-p_{ij})]-\min\limits_{\forall i}[\max(b_{ij}-p_{1}{}^{j},p_{2}^{j}-b_{ij})]} \quad j\in Ty_{6} \tag{2-6}$$

本章根据 6 种属性类型之间关系，参考极值化规范化方法定义一种适应所有属性类型属性值规范化公式(2-7)。

$$b_{ij}^{*}=1-\frac{|d(\bar{b}_{ij},\ \bar{c}^{j})-T^{j}|}{\max\limits_{\forall i}[\max\limits_{\forall i}d(\bar{b}_{ij},\bar{c}^{j}),\quad T^{j}]-\min\limits_{\forall i}[\min\limits_{\forall i}d(\bar{b}_{ij},\bar{c}^{j}),\quad T^{j}]} \tag{2-7}$$

T^{j} 是第 j 个属性的目标值。若属性类型效益型及其扩展指标，则 $\bar{c}^{j}=\bar{p}^{j}$，$T^{j}=\max\limits_{\forall i}(d(\bar{b}_{ij},\bar{c}^{j}))$，若属性类型是成本及其扩展指标，则 $\bar{c}^{j}=\bar{g}^{j}$，$T^{j}=\min\limits_{\forall i}(d(\bar{b}_{ij},\bar{c}^{j}))$。公式(2-7)可转化为公式(2-8)

$$b_{ij}^{*}=\begin{cases}\dfrac{d(\bar{b}_{ij},\bar{c}^{j})-\min\limits_{\forall i}d(\bar{b}_{ij},\bar{c}^{j})}{\max\limits_{\forall i}d(\bar{b}_{ij},\bar{c}^{j})-\min\limits_{\forall i}d(\bar{b}_{ij},\bar{c}^{j})} & j\in Ty_{1},Ty_{4},Ty_{6}\\[2ex] \dfrac{\max\limits_{\forall i}d(\bar{b}_{ij},\bar{c}^{j})-d(\bar{b}_{ij},\bar{c}^{j})}{\max\limits_{\forall i}d(\bar{b}_{ij},\bar{c}^{j})-\min\limits_{\forall i}d(\bar{b}_{ij},\bar{c}^{j})} & j\in Ty_{2},Ty_{3},Ty_{5}\end{cases} \tag{2-8}$$

$d(\bar{b}_{ij},\bar{c}_{j})$为两区间数之间的距离(Distance)。若属性值为实数则 $\bar{b}_{ij}$ 退化为实数，若

属性的类型不是区间型或远离区间型则 $\bar{c}^j$ 退化为实数，而实数只是区间数的一种特殊情况，所以公式(2-7)对任意属性类型都适用。为了避免规范化的最小属性值为零及和语言评价值相匹配(标准语言评价集的粒度为 H)，对 b_{ij}^* 再进行如下变换，

$$r_{ij}=H\cdot \exp(b_{ij}^*-1) \tag{2-9}$$

根据公式(2-7)可知，要计算 b_{ij}^* 关键是要求解 $d(\bar{b}_{ij},\ \bar{c}^j)$，下面首先比较文献中提出的 3 种求解区间数距离公式，根据比较的结果从这 3 种方法中确定一种比较好方法。

文献[136]将两区间数 $\bar{a}=[a^l,a^u]$ 和 $\bar{b}=[b^l,b^u]$ 之间的距离定义为：

$$d_1(\bar{a},\bar{b})=\sqrt{(\frac{a^l+a^u}{2}-\frac{b^l+b^u}{2})^2} \tag{2-10}$$

文献[137]将两区间数之间的距离定义为：

$$d_2(\bar{a},\bar{b})=\sqrt{\frac{(a^l-b^l)^2+(a^u-b^u)^2}{2}} \tag{2-11}$$

文献[138]将两区间数之间的距离定义为：

$$\begin{aligned} d_3(\bar{a},\bar{b})&=\sqrt{\int_{-1/2}^{1/2}\int_{-1/2}^{1/2}\left\{[(\frac{a^l+a^u}{2})+x(a^u-a^l)-[(\frac{b^l+b^u}{2})+y(b^u-b^l)]\right\}^2\mathrm{d}x\mathrm{d}y} \\ &=\sqrt{[(\frac{a^l+a^u}{2})-(\frac{b^l+b^u}{2})]^2+\frac{1}{3}[(\frac{a^u-a^l}{2})^2+(\frac{b^u-b^l}{2})^2]} \end{aligned} \tag{2-12}$$

可以证明上述 3 种距离测度公式都满足距离测度三条公理：(a)非负性，$d(\bar{a},\bar{b})\geqslant 0$，$d(\bar{a},\bar{b})=0\Leftrightarrow \bar{a}=\bar{b}$；(b)对称性，$d(\bar{a},\bar{b})=d(\bar{b},\bar{a})$；(c)三角不等式，$d(\bar{a},\bar{b})\leqslant d(\bar{a},\bar{c})+d(\bar{b},\bar{c})$。考虑两区间数 $\bar{a}=[-1,\ 3]$ 和 $\bar{b}=[1,\ 3]$ 和一个实数 $c=[0,\ 0]$ 之间的距离，可计算出 $d_1(\bar{a},c)=1$，$d_1(\bar{b},c)=2$，$d_2(\bar{a},c)=\sqrt{5}$，$d_2(\bar{b},c)=\sqrt{5}$，$d_3(\bar{a},c)=\sqrt{7/3}$，$d_1(\bar{b},c)=\sqrt{13/3}$ 。实际上 c 处于区间数 $\bar{a}$ 内部而处于区间数 $\bar{b}$ 外部，显然是 c 与 $\bar{a}$ 之间的距离应小于 c 与 $\bar{b}$ 之间的距离，而采用公式(2-11)计算出的距离值相等，显然不合理。虽然公式(2-10)和(2-12)的计算结果都是 c 与 $\bar{a}$ 之间的距离应小于 c 与 $\bar{b}$ 之间的距离，但是公式(2-10)只是考虑了两区间数中点之间的距离而没有考虑区间数的宽度，如果两区间数中点相等则不管区间数的宽度怎样，两区间数之间的距离一定相等。公式(2-12)则把两区间数中每一点的差值都考虑在内，因此充分利用了区间数的信息，其计算结果也更可靠。因此本专著采用公式(2-12)计算两区间数之间的距离。

2.2.2.2 定性属性规范化方法

上述公式只是解决了属性值为区间数或实数的规范化方法，但是由于客观事物的复杂性和人类认识的局限性，有的属性值可能只能用模糊语言表示，例如对于材料的耐磨性和抗腐蚀性。对于不能用定量方法描述的属性值采用“好、一般、较差”等语言标度。对定性处理的方法主要有两种：一种采用梯形模糊数或三角模糊数表示模糊语言，另一

种是采用二元语义。

(1)三角或梯形模糊数之间的距离公式

对于三角或梯形模糊数,无法直接计算利用公式(2－12)区间数之间的距离。为此可采用 α 截集的方法将三角或梯形模糊数转化为一系列 α 截集下的区间数。

定义 2－1[139]:假设 $\widetilde{\mathbf{A}}$ 是一个模糊集合,α 截集定义为:

$$\widetilde{\mathbf{A}}_\alpha=\{x\in Ud \mid u_{\widetilde{A}}(x)\geqslant\alpha\}=[(x)_\alpha^L,(x)_\alpha^U]=[\min\{x\in Ud \mid u_{\widetilde{A}}(x)\geqslant\alpha\}, \max\{x\in Ud \mid u_{\widetilde{A}}(x)\geqslant\alpha\}]=[A_\alpha^L,A_\alpha^U] \quad 0<\alpha\leqslant 1 \tag{2-13}$$

根据扎德的扩展原理,则模糊数 $\widetilde{\mathbf{A}}$ 可表示为

$$\widetilde{\mathbf{A}}=\bigcup_\alpha \alpha \cdot \widetilde{\mathbf{A}}_\alpha \tag{2-14}$$

对于三角模糊数 $\widetilde{\mathbf{A}}=(a^l,a^m,a^u)$,其 α 截集为如图 2－2 所示

$$\widetilde{\mathbf{A}}_\alpha=[\alpha(a^m-a^l)+a^l,\quad a^u-\alpha(a^u-a^m)] \tag{2-15}$$

对于梯形模糊数 $\widetilde{\mathbf{A}}=(a^l,\ a^{m_1},\ a^{m_2},\ a^u)$,其 α 截集为如图 2－3 所示

$$\widetilde{\mathbf{A}}_\alpha=[\alpha(a^{m_1}-a^l)+a^l,\quad a^u-\alpha(a^u-a^{m_2})] \tag{2-16}$$

则三角或梯形模糊数之间的距离可转换为一系列 α 截集距离的加权和,则公式(2－7)中的 $d(\bar{b}_{ij},\ \bar{c}^j)$ 应转化为

$$d(\bar{b}_{ij},\ \bar{c}^j)=\frac{\int_0^1 d(\widetilde{\mathbf{A}}_\alpha,\ \bar{c}^j)f(\alpha)d\alpha}{\int_0^1 f(\alpha)d\alpha} \tag{2-17}$$

公式(2-17)中 $f(\alpha)$ 是定义在值域为[0,1]之间权重函数,$d(\bar{b}_{ij},\ \bar{c}^j)$ 是当 α 值从 0 到 1 之间 $\bar{b}_{ij}$ 不同 α 截集和 $\bar{c}^j$ 之间距离的加权积分,$f(\alpha)$ 是一个递增函数,一般可取 $f(\alpha)=\alpha$。

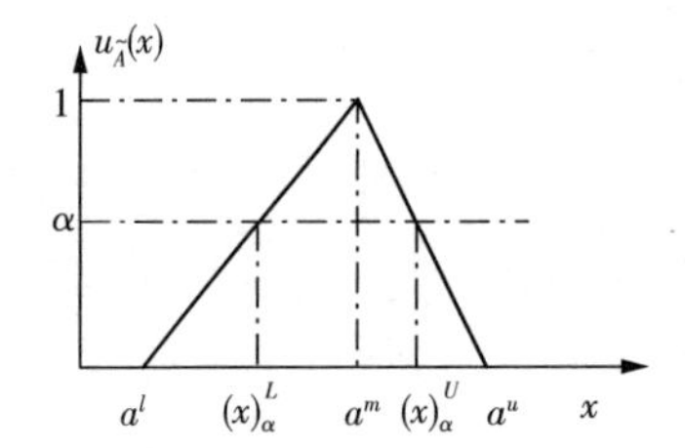

图 2－2　三角模糊数的 α 截集

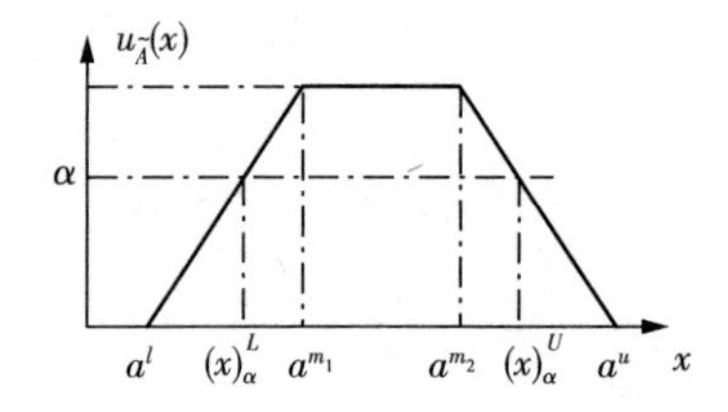

图 2－3　梯形模糊数的 α 截集

如果 α 值是离散的,取 $0=\alpha_0<\alpha_1<\alpha_2<\cdots<\alpha_t<\cdots<\alpha_n=1$,则公式(2－17)转化为

$$d(\bar{b}_{ij},\ \bar{c}^j)=\frac{\sum_{t=0}^{n} d(\widetilde{\mathbf{A}}_{\alpha_t},\bar{c}_j)\alpha_t}{\sum_{t=0}^{n}\alpha_t} \tag{2-18}$$

即 $d(\tilde{b}_{ij},\ \tilde{c}^j)$ 为 $\tilde{b}_{ij}$ 不同 α_t 截集和 $\tilde{c}^j$ 的之间距离的加权和。

(2) 二元语义

二元语义是西班牙学者 *Herrera* 教授等人于 2000 年首次提出的一种基于符号平移的概念[123]，使用一个二元组 (s_k, tr_k) 来表示语言评价信息。其中 s_k 是表示预先定义好的语言评价集 $\boldsymbol{S}=\{s_0, s_1, \cdots, s_k, \cdots s_H\}$ 中第 $k+1$ 个元素，tr_k 称为符号转移值(*Transfer*)，且满足 $tr_k \in [-0.5,\ 0.5)$，表示评价结果与 s_k 的偏差，如图 2-4 所示。

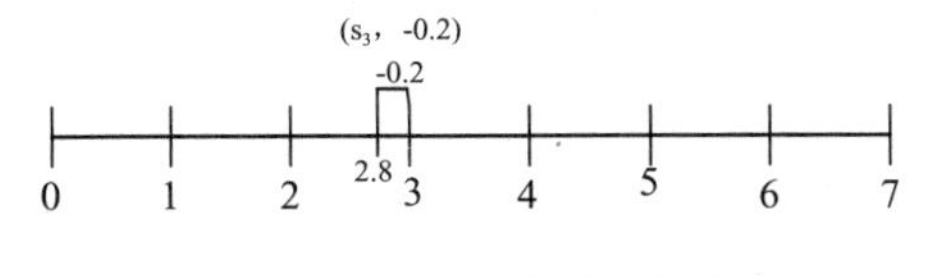

图 2-4　符号转移的概念

定义 2-2[140] 若 $s_k \in \boldsymbol{S}$ 是一个语言短语，那么相应的二元语义可以通过函数 Θ 获得：

$$\Theta:\ \boldsymbol{S} \rightarrow \boldsymbol{S} \times [-0.5,\ 0.5)$$

$$\Theta\ (s_k) = (s_k,\ 0)$$

定义 2-3[140] 设 $\theta \in [0, H]$ 为语言评价集 S 经某种集结方式得到的一个实数值。则 θ 可由函数 Δ 表示为二元语义：

$$\Delta: [0, H] \rightarrow \boldsymbol{S} \times [-0.5, 0.5)$$

$$\Delta(\theta) = (s_k, tr_k) \quad k = round(\theta)$$

式中，s_k 为语言评价集 S 中第 $k+1$ 个语言评价值；tr_k 为 s_k 的符号平移，$tr_k = \theta - k$；$round(*)$ 为四舍五入取整算子。

定义 2-4[138] (s_k, tr_k) 是一个二元语义，则存在一个逆函数 Δ^{-1}，使其转换成相应的数值 $\theta \in [0, H]$：

$$\Delta^{-1}: \boldsymbol{S} \times [-0.5, 0.5) \rightarrow [0, H] \quad \Delta^{-1}(s_k, tr_k) = k + tr_k = \theta$$

如果属性的类型用二元语义表达，则通过定义 2-4 可将模糊语言转化为实数值。

2.3　层次分析法(Analytic Hierarchy Process，AHP)

2.3.1　赋权方法综述

多指标(属性)综合评价中各评价指标权值分配不同会直接导致评价对象优劣顺序

的改变，因而权值的合理性、准确性直接影响了评价结果的可靠性。权重的确定方法大体上可分为客观赋权法、主观赋权法和组合赋权方法。

(1) 客观赋权方法

客观赋权法是基于决策矩阵信息，通过建立一定的数学模型计算出权重，应用比较多的方法主要有熵技术法、多目标最优化方法、主成分分析法确定和变异系数法等等。

熵(Entropy)在信息论中表示事物出现的不确定性[141]。如果属性值之间差异越小，信息量越大，不确定性越小，熵就越大，则相应属性的权重越小；反之，如果属性值之间差异越大，信息量越小，不确定性越大，熵就越小，则相应属性的权重越大。

多目标优化法是基于数学规划原理确定权重的方法。例如文献[142]根据选择合理的权重应使各方案距理想方案距离最近的原则建立了如下单目标优化模型：

$$\min \quad Z=\sum_{i=1}^{m}\sum_{j=1}^{n}(r_j^+-r_{ij})^2\omega_j^2 \tag{2-19}$$

$$subject \quad to \quad \sum_{j=1}^{n}\omega_j=1,\ \forall j\ \omega_j>0 \tag{2-20}$$

其中 $r_j^+=\max\limits_{\forall i}(r_{ij})$，$\omega_j$ 为属性 c_j 的权重

然后利用拉格朗日函数法求解得到：

$$\omega_j=\frac{1}{\sum_{j=1}^{n}[1/\sum_{i=1}^{m}(r_j^+-r_{ij})]\sum_{i=1}^{m}(r_j^+-r_{ij})} \tag{2-21}$$

根据“各方案应距理想方案最近的原则”的标准来确定权重，背离了权重的本质，权重是反映各属性在决策中的相对重要性，并非是为了各方案距理想方案最近。我们是先有权重才有综合属性值，至于综合属性值的距理想方案的距离是由决策矩阵及权重确定，我们不能为了使综合属性值距理想方案最近而去改变权重值，否则确定的权重可能会与实际情况相矛盾。

(2) 主观赋权方法

主观赋权法实质是根据评价指标的相对重要性程度来确定权重系数的，文献[11]中也将主观赋权法称为基于“功能驱动”原理的赋权方法，一般是根据决策者的经验给出主观偏好信息。主要有专家调查法、层次分析法等[143]。层次分析法，又称多层次权重解析方法，20世纪70年代初期由美国匹兹堡大学著名运筹学家萨蒂教授首次提出来。该方法是定性分析与定量分析相结合的多属性决策分析方法，把数学处理与人的经验和主观判断相结合，能够有效地分析目标准则体系层次间的非序列关系，有效地综合测度评价决策者的判断和比较。由于它简洁、实用，在越来越多的领域得到广泛应用。层次分析法体现了人们决策思维的基本特征，即分解、判断、综合[144]。

(3) 组合赋权方法

主观赋权法确定权系数从权重的本质含义出发，体现了决策者的经验判断，意义明确、解释性强，一般不会违反人们的常识；但随意性较大，不同的决策者可能会给出不同的判断。客观赋权法利用一定的数学模型，计算得出属性的权重系数，具有一定的客观标准；但缺点是解释性差，且由于忽视了决策者的主观偏好信息，有时会出现权重信息不合理的现象。组合赋权方法就是在分别求得主观赋权法确定权重和客观赋权方法确定的权重的基础上，采取某一数学模型集结这两种权重，使排序结果既体现主观信息又体现客观信息。

2.3.2　判断矩阵

由于主观赋权法体现了权重的本质，即由专家确定属性集中各属性重要性的大小，本章采用主观赋权法中层次分析法确定属性权重。使用层次分析法首先是分析系统中各因素之间的关系，建立系统的递阶层次结构，然后对同一层次的各元素关于上一层某一准则的重要性进行两两比较，构造两两比较判断矩阵。为了使决策判断定量化，形成数值判断矩阵，必须引入合适的标度值度量各种相对重要性的关系。

若采用的 $1\sim 9$ 标度方法，“1”表示2个属性同等重要，“9”表示一个属性相比于另一个属性极端重要，给出互反判断矩阵 $\boldsymbol{O}=(o_{ij})_{n\times n}$，它具有如下性质：

$$o_{ij}\in[1/9,\ 9],o_{ij}=o_{ji},o_{ii}=1$$

若进一步对 $\forall i,j,k$，若满足

$$o_{ij}=\prod_{i\leqslant k\leqslant j}o_{k,k+1}$$

则 $\boldsymbol{O}=(o_{ij})_{n\times n}$ 为一致性互反判断矩阵。

若按照互补型0.1—0.9标度进行赋值，给出互补判断矩阵 $\boldsymbol{\varphi}=(\varphi_{ij})_{n\times n}$，它具有如下性质：

$$\varphi_{ij}\in[0.1,\ 0.9],\varphi_{ij}+\varphi_{ji}=1,\varphi_{ii}=0.5$$

若进一步对 $\forall i,j,k$，若满足

$$\varphi_{ij}+\varphi_{jk}+\varphi_{ki}=3/2$$

则 $\boldsymbol{\varphi}=(\varphi_{ij})_{n\times n}$ 为一致性互补判断矩阵。

在决策过程中，若有的专家给出的是互补判断矩阵，有的专家给出的是互反判断矩阵，则这两者之间可通过公式(2-22)进行转换：

$$\varphi_{ij}=0.5(1+log_{9}^{o_{ij}})\qquad(2-22)$$

并且可以证明若 $O=(o_{ij})_{n\times n}$ 是一致性互反判断矩阵，则通过公式(2-22)转换后的 $\boldsymbol{\varphi}$

$=(\varphi_{ij})_{n\times n}$ 也是一致性互补判断矩阵。

2.3.3 AHP中通过交互式方式直接构造一致性判断矩阵的方法

由判断矩阵确定权重的方法很多,传统的层次分析法权重计算一般是把最大特征根对应的特征向量作为权重向量,其计算步骤是[144]:(a) 计算判断矩阵每一行元素的乘积 $M_i=\prod_{j=1}^{n} o_{ij}\quad(i,j=1,2,\cdots,n)$,(b) 计算 M_i 的 n 次方根 $\bar{\omega}_i=\sqrt[n]{M_i}$,(c) 对向量 $\bar{\omega}=[\bar{\omega}_1,\bar{\omega}_2,\cdots\bar{\omega}_n]$ 归一化,即:$\omega_j=\dfrac{\bar{\omega}_j}{\sum_{j=1}^{n}\bar{\omega}_j}$,则 $\boldsymbol{\omega}=[\omega_1,\ \omega_2,\ \cdots,\ \omega_n]$ 为所求的权重向量。当建立的判断矩阵不满足一致性条件时,则计算的误差比较大,尤其是判断矩阵的阶数比较高,判断矩阵的一致性条件更是难以满足。受到文献[145]的启发,本章根据判断矩阵的元素与权重之间的关系及互反判断矩阵一致性条件提出一种直接构造一致性互反判断矩阵的方法。下面以一个四阶互反判断矩阵为例说明求解过程,其流程图如图 2-5 所示。假设根据互反判断矩阵得到的权重为 $\boldsymbol{\omega}=(\omega_1,\omega_2,\omega_3,\omega_4)$。

Step 1 确定判断矩阵的第一行,比较第一个元素相比于其他元素的重要性。

$$O=\begin{bmatrix} & c_1 & c_2 & c_3 & c_4 \\ c_1 & o_{11}=\dfrac{\omega_1}{\omega_1}=1 & o_{12}=\dfrac{\omega_1}{\omega_2} & o_{13}=\dfrac{\omega_1}{\omega_3} & o_{14}=\dfrac{\omega_1}{\omega_4}\end{bmatrix}$$

Step 2 根据第一行元素确定其他行的元素值。实际上在确定 c_1 同其它元素相比的重要性时,其它各元素相比的重要性已经蕴含于其中,确定其它行元素的过程实际上是将蕴含于其中相对的重要性清晰化地表达出来。

$$O=\begin{bmatrix} & c_1 & c_2 & c_3 & c_4 \\ c_1 & o_{11}=\dfrac{\omega_1}{\omega_1}=1 & o_{12}=\dfrac{\omega_1}{\omega_2} & o_{13}=\dfrac{\omega_1}{\omega_3} & o_{14}=\dfrac{\omega_1}{\omega_4} \\ c_2 & o_{21}=\dfrac{\omega_2}{\omega_1}=\dfrac{1}{o_{12}} & o_{22}=\dfrac{\omega_2}{\omega_2}=1 & o_{23}=\dfrac{\omega_2}{\omega_3}=\dfrac{o_{13}}{o_{12}} & o_{24}=\dfrac{\omega_2}{\omega_4}=\dfrac{o_{14}}{o_{12}} \\ c_3 & o_{31}=\dfrac{\omega_3}{\omega_1}=\dfrac{1}{o_{13}} & o_{32}=\dfrac{\omega_3}{\omega_2}=\dfrac{o_{12}}{o_{13}} & p_{33}=\dfrac{\omega_3}{\omega_3}=1 & o_{34}=\dfrac{\omega_3}{\omega_4}=\dfrac{o_{14}}{o_{13}} \\ c_4 & o_{41}=\dfrac{\omega_4}{\omega_1}=\dfrac{1}{o_{14}} & o_{42}=\dfrac{\omega_4}{\omega_2}=\dfrac{o_{12}}{o_{14}} & p_{43}=\dfrac{\omega_4}{\omega_3}=\dfrac{o_{13}}{o_{14}} & o_{44}=\dfrac{\omega_4}{\omega_4}=1\end{bmatrix}$$

$$O=\begin{bmatrix} & c_1 & c_2 & c_3 & c_4 \\ c_1 & o_{11}=\dfrac{\omega_1}{\omega_1}=1 & o_{12}=\dfrac{\omega_1}{\omega_2} & o_{13}=\dfrac{\omega_1}{\omega_3} & o_{14}=\dfrac{\omega_1}{\omega_4} \\ c_2 & o_{21}=\dfrac{\omega_2}{\omega_1}=\dfrac{1}{o_{12}} & o_{22}=\dfrac{\omega_2}{\omega_2}=1 & o_{23}=\dfrac{\omega_2}{\omega_3}=\dfrac{o_{13}}{o_{12}} & o_{24}=\dfrac{\omega_2}{\omega_4}=\dfrac{o_{14}}{o_{12}} \\ c_3 & o_{31}=\dfrac{\omega_3}{\omega_1}=\dfrac{1}{o_{13}} & o_{32}=\dfrac{\omega_3}{\omega_2}=\dfrac{o_{12}}{o_{13}} & o_{33}=\dfrac{\omega_3}{\omega_3}=1 & o_{34}=\dfrac{\omega_3}{\omega_4}=\dfrac{o_{14}}{o_{13}} \\ c_4 & o_{41}=\dfrac{\omega_4}{\omega_1}=\dfrac{1}{o_{14}} & o_{42}=\dfrac{\omega_4}{\omega_2}=\dfrac{o_{12}}{o_{14}} & o_{43}=\dfrac{\omega_4}{\omega_3}=\dfrac{o_{13}}{o_{14}} & o_{44}=\dfrac{\omega_4}{\omega_4}=1 \end{bmatrix}$$

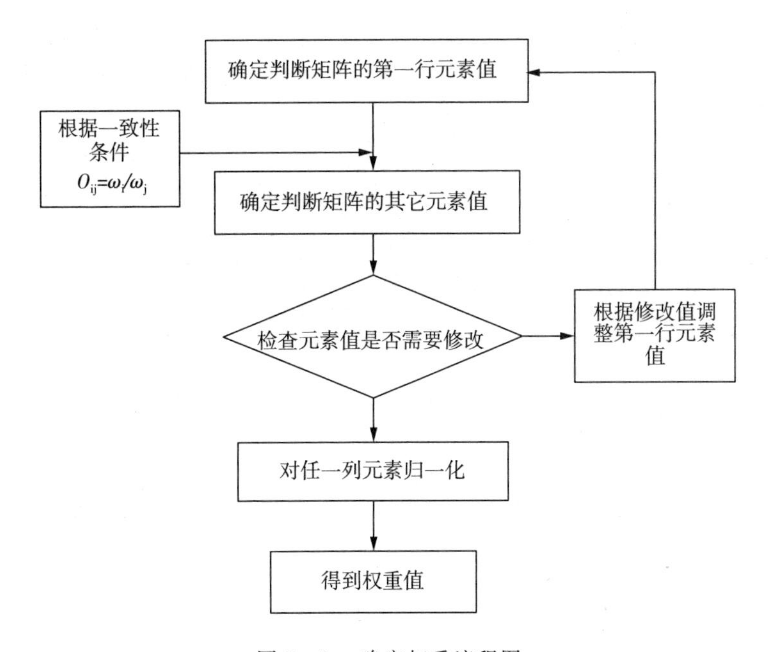

图 2-5　确定权重流程图

Step 3 检查判断矩阵中有无不合理元素。如果决策者认为判断矩阵中的元素都合理，则对判断矩阵中任一列归一化处理得出对应的权重值；如果决策者认为有不合理的元素，则根据不合理元素对应的位置调整第一行元素对应的值。例如，如果决策者认为 o_{23} 和 o_{24} 元素值不合理应调整为 $o_{23}^{(1)}$ 和 $o_{24}^{(1)}$，上标(1)表示第一轮次调整。根据元素值的调整，重新产生第一行元素的值。注意假设元素 o_{ij} 需要调整，在第一行中我们只调整第 k 列元素的值，$k=\max(i,j)$，而另一列元素值不调整。$o_{13}^{(1)}=\omega_1/\omega_3=\omega_1/\omega_2\times\omega_2/\omega_3=o_{23}^{(1)}\cdot o_{12}$，$o_{14}^{(1)}=\omega_1/\omega_4=\omega_1/\omega_2\times\omega_2/\omega_4=o_{12}\cdot o_{24}^{(1)}$。

$$O^{(1)}=\begin{bmatrix} & c_1 & c_2 & c_3 & c_4 \\ c_1 & o_{11}=\dfrac{\omega_1}{\omega_1}=1 & o_{12}=\dfrac{\omega_1}{\omega_2} & o_{13}=\dfrac{\omega_1}{\omega_3}=o_{23}^{(1)}o_{12} & o_{14}=\dfrac{\omega_1}{\omega_4}=o_{12}o_{24}^{(1)} \end{bmatrix}$$

Step 4 返回 step 2，直到所有的元素值都合理和可以被决策者接受。

Step 5 对调整后的判断矩阵中的任一列归一化处理得到权重向量值。

2.4 网络分析法（Analytic Network Process，ANP）

在层次分析法中，采用的是照递阶层次结构图（如图 2-6(a) 所示），即假设元素之间是相互独立的，不存在反馈关系。但是现实决策问题中这一前提是很难满足，而实际上很多属性之间不是相互独立的而存在一定的关联。网络分析法是层次分析法在考虑了属性之间关联后的进一步扩展。网络分析法（如图 2-7 所示）以一种扁平、网络化的方式表示元素之间的相互依赖关系和反馈关系，因此能够比较逼真地刻画了客观事物的复杂性。ANP 计算方法分为超矩阵法和关联矩阵法。

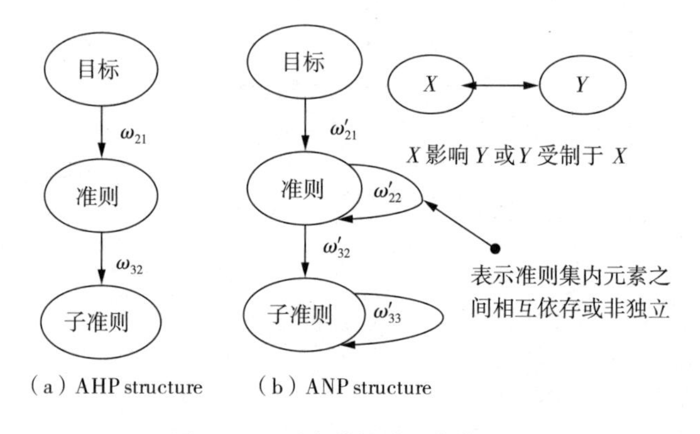

图 2-6 层次结构域网络结果图

2.4.1 超矩法

超矩阵方法首先建立如图 2-7 所示的网络结构图，在网络结构图中准则层、方案层都视为元素组，各子准则、各方案都视为元素，各元素组之间、各元素组内部各元素之间都相互影响与制约。模糊网络分析法的步骤如下：

(1) 构建未加权超矩阵

假设网络结构中有 n 个元素组 $C_1, C_2, \cdots, C_i, \cdots, C_n$，任一元素组 C_i 中含有 n_i 个元素，分别表示为 $c_{i1}, c_{i1}, \cdots, c_{in_i}$。现以元素 c_{jl} 作为比较准则，在元素组 C_i 中找出由 c_{jl} 影响或制约的元素，然后将这些元素两两比较，构造模糊判断矩阵，由模糊判断矩阵求出权重列向量 $\boldsymbol{\omega}_i^{jl}=(\omega_{i1}^{jl}, \omega_{i2}^{jl}, \cdots, \omega_{in_i}^{jl})^T$，注意权重列向量中不受 c_{jl} 影响或制约的元素对应在权重向

量的权重值直接赋为零，由于 $l=1,2,\cdots,n_j$ 则由 n_j 个列向量组成矩阵 $(\omega_{ij})_{n_i\times n_j}$。

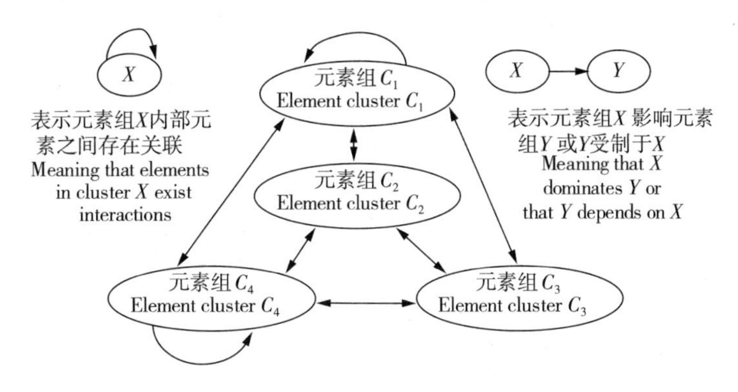

图 2-7　ANP 中的网络结构

$$(\omega_{ij})_{n_i\times n_j}=\begin{bmatrix}\omega_{i1}^{j1} & \omega_{i1}^{j2} & \cdots & \omega_{i1}^{jn_j}\\ \omega_{i2}^{j1} & \omega_{i2}^{j2} & \cdots & \omega_{i2}^{jn_j}\\ \vdots & \vdots & \cdots & \vdots\\ \omega_{in_i}^{j1} & \omega_{in_i}^{j2} & \cdots & \omega_{in_i}^{jn_j}\end{bmatrix}$$

矩阵 $(\omega_{ij})_{n_i\times n_j}$ 中每一列表达了以元素组 C_j 中的任一元素 $c_{jl}(l=1,2,\cdots,n_j)$ 为比较准则，元素组 C_i 中元素之间的权重列向量。由于 $j=1,2,\cdots,n,i=1,2,\cdots,n$ 则以矩阵 $(\omega_{ij})_{n_i\times n_j}$ 为块，则组成了未加权的超矩阵 $\boldsymbol{\omega}=(\boldsymbol{\omega}_{ij})_{n\times n}$

$$\boldsymbol{\omega}=\begin{array}{c}\\ C_1\begin{smallmatrix}1\\ \vdots\\ n_1\end{smallmatrix}\\ C_2\begin{smallmatrix}1\\ \vdots\\ n_2\end{smallmatrix}\\ \vdots\\ C_n\begin{smallmatrix}1\\ \vdots\\ n_n\end{smallmatrix}\end{array}\overset{\begin{array}{cccc}C_1 & C_2 & & C_n\\ 1\cdots n_1 & 1\cdots n_2 & \cdots & 1\cdots n_n\end{array}}{\begin{bmatrix}\boldsymbol{\omega}_{11} & \boldsymbol{\omega}_{12} & \cdots & \boldsymbol{\omega}_{1n}\\ \boldsymbol{\omega}_{21} & \boldsymbol{\omega}_{22} & \cdots & \boldsymbol{\omega}_{2n}\\ \vdots & \vdots & \vdots & \vdots\\ \boldsymbol{\omega}_{n1} & \boldsymbol{\omega}_{n2} & \cdots & \boldsymbol{\omega}_{nn}\end{bmatrix}_{n\times n}}$$

(2) 构建加权超矩阵

以元素组 C_j 为比较准则，在元素组 $C_i(i=1,2,\cdots,n)$ 中找出由 C_j 影响或制约的元素组，将这些元素组两两比较构造模糊判断矩阵，再由模糊判断矩阵求出权重向量 $\boldsymbol{Q}^j=(q_1^j,q_2^j,\cdots,q_n^j)^T$，注意权重列向量中不受 C_j 影响或制约的元素组对应在权重向量的权重值直接赋为零。分别将 $\boldsymbol{Q}^j=(q_1^j,q_2^j,\cdots,q_n^j)^T(j=1,2,\cdots,n)$ 与未加权超矩阵按下式的方式相乘构成加权超矩阵 $(\boldsymbol{\omega})_{n\times n}$，加权超矩阵是列随即矩阵，即每列的和为 1。

$$(\bar{\omega})_{n\times n}=\begin{bmatrix}\boldsymbol{\varpi}_{11}=q_1^1\ \omega_{11} & \boldsymbol{\varpi}_{12}=q_1^2\ \omega_{12} & \cdots & \boldsymbol{\varpi}_{1n}=q_1^n\ \omega_{1n}\\ \boldsymbol{\varpi}_{21}=q_2^1\ \omega_{21} & \boldsymbol{\varpi}_{22}=q_2^2\ \omega_{22} & \cdots & \boldsymbol{\varpi}_{2n}=q_2^n\ \omega_{2n}\\ \vdots & \vdots & \vdots & \vdots\\ \boldsymbol{\varpi}_{n1}=q_n^1\ \omega_{n1} & \boldsymbol{\varpi}_{n2}=q_n^2\ \omega_{n2} & \cdots & \boldsymbol{\varpi}_{nn}=q_n^n\ \omega_{nn}\end{bmatrix}$$

(3) 求极限超矩阵

加权超矩阵体现的只是直接优势度,而不能体现间接优势度。例如元素 c_1 影响元素 c_2,而元素 c_2 又影响元素 c_3,c_2 相对于 c_1 的优势度、c_3 相对于 c_2 的优势度就是直接优势度,既然元素 c_1 影响元素 c_2,而元素 c_2 又影响元素 c_3,元素 c_1 肯定也影响元素 c_3,则 c_3 相对于 c_1 的优势度就是间接优势度,而加权超矩阵无法直接体现。对加权超矩阵求平方 $\boldsymbol{\varpi}^2$,则体现了第二步间接优势度。为了求出稳定的权重,从加权超矩阵 $(\boldsymbol{\varpi})_{n\times n}$ 出发,依次求二次方,即 $(\boldsymbol{\varpi})_{n\times n}\rightarrow(\boldsymbol{\varpi})^2_{n\times n}\rightarrow(\boldsymbol{\varpi})^4_{n\times n}\rightarrow\cdots\rightarrow(\boldsymbol{\varpi})^{2^i}_{n\times n}\rightarrow\cdots$ 当第一次出现 $(\boldsymbol{\varpi})^k_{n\times n}\cdot(\boldsymbol{\varpi})^k_{n\times n}=(\boldsymbol{\varpi})^k_{n\times n}$,$(\boldsymbol{\varpi})^k_{n\times n}$ 就是稳定的权重,即极限超矩阵。每自乘必须进行列归一化处理,以保证加权超矩阵是列随机矩阵。文献[146] 已证明极限超矩阵的每一列都相同,即是相对于任意元素的极限相对优势度,即权重。

2.4.2 关联矩阵法

关联矩阵法建立如图 2-6(b) 所示的网络结构图,首先在不考虑关联的情况下计算出准则层相对于目标层的权重 $\boldsymbol{\omega}'_{21}$,然后计算出准则层间的关联矩阵 $\boldsymbol{\omega}'_{22}$,则消除关联之后的准则层相对于目标层的权重矩阵 $\boldsymbol{\omega}_{21}$ 为 $\boldsymbol{\omega}_{21}=\boldsymbol{\omega}'_{22}\times\boldsymbol{\omega}'_{21}$。同理,首先在不考虑关联的情况下计算出子准则层相对于目标层的权重 $\boldsymbol{\omega}'_{32}$,然后计算出子准则层间的关联矩阵 $\boldsymbol{\omega}'_{33}$,则消除关联之后的子准则层相对于目标层的权重矩阵 $\boldsymbol{\omega}_{32}$ 为 $\boldsymbol{\omega}_{32}=\boldsymbol{\omega}'_{33}\times\boldsymbol{\omega}'_{32}$。

2.5 ROMETHEE 方法
(The Method of PROMETHEE)

在 PROMETHEE 方法中,首先是针对任一属性确定一个偏好函数,把方案针对这一属性之间两两比较的偏好值定为在[0,1]之间,利用 ANP 方法确定属性权重,然后把不同属性下的偏好值集结成两方案之间偏好的综合值。可见采用 PROMETHEE 方法需要确定属性的权重和每一属性下的偏好函数,PROMETHEE 决策流程如下:

Step 1 计算任一属性下两方案间的属性值差,$d_j(al_i,al_k)=r_{ij}-r_{kj}$

Step 2 每个决策准则定义偏好函数(Preference function,Pf)Pf_j。

$$Pf_j:\ \boldsymbol{AL}\times\boldsymbol{AL}\rightarrow[0,\ 1]$$

方案 al_i 与 al_k 在准则 c_j 的优序值为

$$Pf_j(al_i,\ al_k)=Pf_j[d_j(al_i,al_k)]=Pf_j(d_{ik}) \tag{2-23}$$

当 $Pf_j(al_i,\ al_k)=0$，说明方案 al_i 与 al_k 在准则 c_j 下无差别；当 $0<Pf_j(al_i,\ al_k)<1$，说明方案 al_i 在准则 c_j 下弱优于 g_{i_2}；当 $Pf_j(al_i,\ al_k)=1$，说明方案 al_i 在准则 c_j 下严格优于 al_k。在应用中推荐使用的一般性偏好函数有 6 类(通常准则、半准则、线性优先准则、同水平准则、无差别区间和线性优先准则及高斯准则[147])，决策者可根据其偏好选用某一类，同时也可以自己定义偏好函数。

Step 3 计算各方案的优序值

$$\pi(al_i,al_k)=\sum_{j=1}^{n}\omega_j\times Pf_j(al_i,al_k) \tag{2-24}$$

Step 4 计算各方案的出流量和入流量

$$\varphi^+(al_i)=\sum_{al_k\in \mathbf{AL}\backslash al_i}\pi(al_i,al_k) \tag{2-25}$$

$$\varphi^-(al_i)=\sum_{al_k\in \mathbf{AL}\backslash al_i}\pi(al_k,al_i) \tag{2-26}$$

出流量 $\varphi^+(al_i)$ 表征方案 al_i 优于其他备选方案的程度，而入流量 $\varphi^-(al_i)$ 表征方案 al_i 劣于其他备选方案的程度，因此方案的出流量越大，入流量越小，则该方案越优。

Step 5 根据出流量和入流量的大小关系 4 种优序结构

$$al_i\ P^+\ al_k\Leftrightarrow\varphi^+(al_i)>\varphi^+(al_k)$$

$$al_i\ I^+\ al_k\Leftrightarrow\varphi^+(al_i)=\varphi^+(al_k)$$

$$al_i\ P^-\ al_k\Leftrightarrow\varphi^-(al_i)<\varphi^-(al_k)$$

$$al_i\ I^-\ al_k\Leftrightarrow\varphi^-(al_i)=\varphi^-(al_k)$$

Step 6 考虑优序关系的交集，得到 PROMETHEE 的部分优序关系：

al_iPal_k(al_i 优于 al_k)$\Leftrightarrow al_iP^+\ al_k\cap al_iP^-\ al_k$； $al_iP^+\ al_k\cap al_iI^-\ al_k$；　$al_iI^+\ al_k\cap al_iP^-\ al_k$

al_iIal_k(al_i 与 al_k 无差异)$\Leftrightarrow al_iI^+\ al_k\cap al_iI^-\ al_k$

al_iRal_k(al_i 与 al_k 无法比较)$\Leftrightarrow$ 其他

Step 7 如果通过 Step 6 无法得到方案的全排序，则计算

$$\varphi(al_i)=\varphi^+(al_i)-\varphi^-(al_i) \tag{2-27}$$

根据 $\varphi(al_i)$ 的大小得到方案的全排序，$\varphi(al_i)$ 值越大方案越优。

2.6 属性关联的PROMETHEE方法在材料决策中的应用(Applications of PROMETHEE to Material Selection)

机床用的液体动力润滑径向滑动轴承，载荷垂直向下，工作情况稳定，采用对开式轴承。已知工作载荷 $F=100000\text{N}$，轴颈直径 $d=200\text{mm}$，转速 $n_r=500\text{r/min}$，选择合适的轴承材料尽可能满足用户的要求。轴承材料种类有很多，不同种类的轴承材料都在某一些方面满足性能要求，文献[148]只是在满足力学性能要求下，根据经验随意地选择一种材料，并没有权衡不同属性的特点。本章在考虑各种属性的基础上，不仅是力学性还应包括环境协调性等，得出最终的合理材料选择。具体流程如图2-8所示。

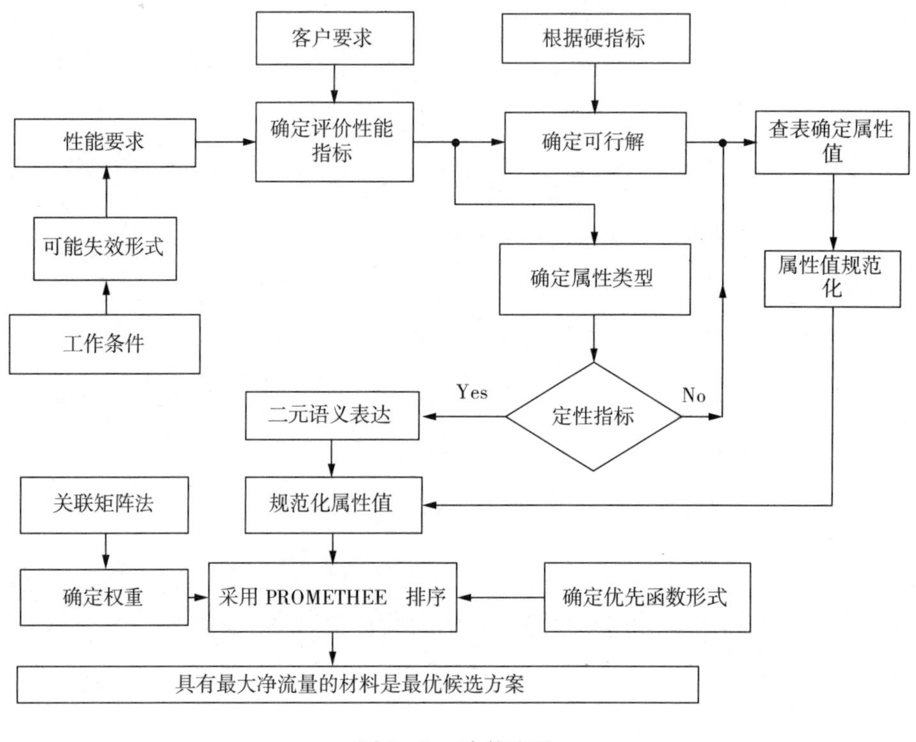

图2-8 决策流程

2.6.1 评价指标的确定及其性能要求

根据滑动轴承的失效形式及用户要求，再根据文献[149]提出的材料适用性评价指标体系应遵循的原则，选择轴承材料的评价指标体系如图2-9所示。各评价指标的属性值类型及性能要求表2-1。

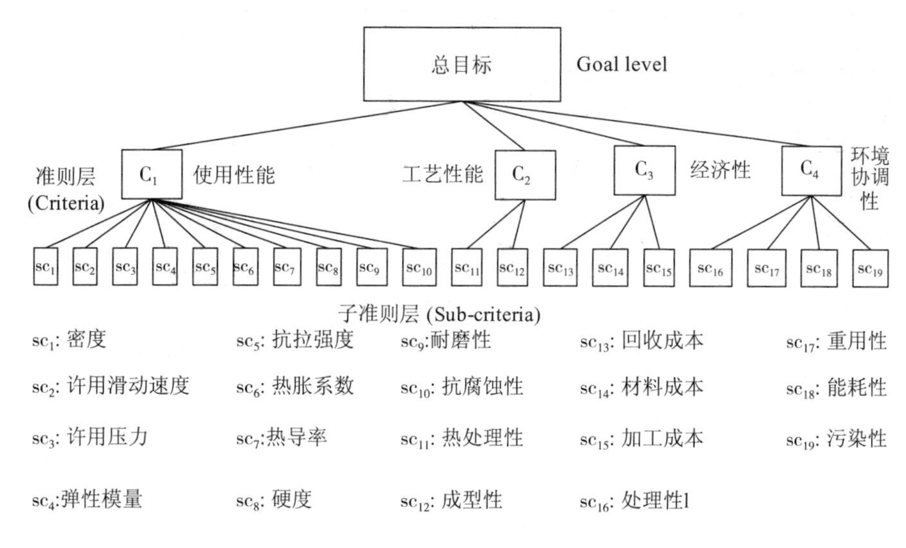

图 2-9　评价指标体系

表 2-1　子准则层指标类型及性能要求

指标	类型	性能要求
材料成本 密度	成本型	材料成本越小越好,密度也是越小越好,但是材料成本由于受各种因素的影响很难精确确定,只能给出一个区间数,密度值取 $g^j = 0$
硬度	区间型	硬度太高,则嵌入性差;硬度太低,则耐磨性差,轴承表面易刮伤。根据专家经验最优区间取 $g^j = [200,230]$HBS
导热率、许用滑动速度和压力	效益型	滑动轴承在工作时由于轴颈与轴瓦的接触会产生摩擦,导致表面发热,所以应选择导热率高的材料,取 $p^j = 0$
抗拉强度	效益型	越大越好,抗拉强度越大,轴承表面不易发生疲劳剥落,取 $p^j = 0$
弹性模量、 热胀系数	固定性	弹性模量太低,易产生胶合;弹性模量太高,则顺应性差并且在轴承边缘易产生很高的压强。根据专家经验取最优值 $g^j = 80$GPa。热胀系数与相应轴承座材料的热胀系数越接近越好。根据轴承座的热胀系数取最优值 $g^j = 20\times10^{-6}/°$C。
其它	模糊语言	很难用一个数值来表示,只能根据专家经验用模糊语言表示

2.6.2　确定可行解

常用的轴承材料可分为三大类,金属材料、多孔金属材料和非金属材料[148],假设轴承的宽径比为1,则可计算出轴颈的圆周速度 v_c,$v_c=\pi dn_r/(60\times1000)=5.23$m/s 及轴承的工作压力 p,$p=F/dB=2.5$MPa,$pv_c=13.1$MPa·m/s,其中B为轴承的宽度。根据文献[148] 可知多孔金属材料和非金属材料$[pv_c]$值都小于13.1,所以只能选择金属材料。铸铁的$[v_c]$值小于2,所以不考虑使用铸铁。铅基合金有很强的毒害性并且可溶于水,通过生物链危害人体,所以不考虑铅基轴承合金、铅青铜。最后确定可行解$\boldsymbol{AL}=\{$锡基轴承合金(al_1)、锡青铜(al_2)、铝青铜(al_3)、铝基轴承合金$(al_4)\}$。

2.6.3 确定子准则层相对于目标层的权重

2.6.3.1 确定准则层相对于目标的权重

(1) 假设准则层间属性相互独立。(a) 为了比较准则之间的相对重要性,即应该回答这样一个问题:当使用1—9标度时,使用性能与其他三个性能相比较,使用性能的重要性是多少?这样我们就得到判断矩阵的第一行元素。

$$O_1=\begin{bmatrix} & C_1 & C_2 & C_3 & C_4 \\ C_1 & o_{11}=1 & o_{12}=\dfrac{\omega_1}{\omega_2}=3 & o_{13}=\dfrac{\omega_1}{\omega_3}=2 & o_{14}=\dfrac{\omega_1}{\omega_4}=2 \end{bmatrix}$$

(b) 根据第一行得到其他三行,组成一个完整的判断矩阵

$$\begin{bmatrix} & C_1 & C_2 & C_3 & C_4 \\ C_1 & o_{11}=1 & o_{12}=\dfrac{\omega_1}{\omega_2}=3 & o_{13}=\dfrac{\omega_1}{\omega_3}=2 & o_{14}=\dfrac{\omega_1}{\omega_4}=2 \\ C_2 & o_{21}=\dfrac{\omega_2}{\omega_1}=\dfrac{1}{o_{12}}=\dfrac{1}{3} & o_{22}=\dfrac{\omega_2}{\omega_2}=1 & o_{23}=\dfrac{\omega_2}{\omega_3}=\dfrac{o_{13}}{o_{12}}=\dfrac{2}{3} & o_{24}=\dfrac{\omega_2}{\omega_4}=\dfrac{o_{14}}{o_{12}}=\dfrac{2}{3} \\ C_3 & o_{31}=\dfrac{\omega_3}{\omega_1}=\dfrac{1}{2} & o_{32}=\dfrac{\omega_3}{\omega_2}=\dfrac{o_{12}}{o_{13}}=\dfrac{3}{2} & o_{33}=\dfrac{\omega_3}{\omega_3}=1 & o_{34}=\dfrac{\omega_3}{\omega_4}=\dfrac{o_{14}}{o_{13}}=1 \\ C_4 & o_{41}=\dfrac{\omega_4}{\omega_1}=\dfrac{1}{o_{14}}=\dfrac{1}{2} & o_{42}=\dfrac{\omega_4}{\omega_2}=\dfrac{o_{12}}{o_{14}}=\dfrac{3}{2} & o_{43}=\dfrac{\omega_4}{\omega_3}=\dfrac{o_{13}}{o_{14}}=1 & o_{44}=\dfrac{\omega_4}{\omega_4}=1 \end{bmatrix}$$

(c) 决策者检查矩阵O_1确定是否有不合理元素,假设决策者考虑到环境协调性不应该比工艺性能更重要,而应该大致和工艺性能同等重要,认为应该将$o_{42}=3/2$改为$o_{42}^{(1)}=1$。

(d) 改变第一行元素为

$$O_1=\begin{bmatrix} & C_1 & C_2 & C_3 & C_4 \\ C_1 & o_{11}=1 & o_{12}=\dfrac{\omega_1}{\omega_2}=3 & o_{13}=\dfrac{\omega_1}{\omega_3}=2 & o_{14}^{(1)}=\dfrac{\omega_1}{\omega_4}=\dfrac{\omega_2}{\omega_4}\cdot\dfrac{\omega_1}{\omega_2}=\dfrac{o_{12}}{o_{42}^{(1)}}=3 \end{bmatrix}$$

(e) 根据第一行元素再次产生其它三行元素得到一个完整的判断矩阵。

$$\begin{bmatrix} & C_1 & C_2 & C_3 & C_4 \\ C_1 & o_{11}=1 & o_{12}=\frac{\omega_1}{\omega_2}=3 & o_{13}=\frac{\omega_1}{\omega_3}=2 & o_{14}^{(1)}=\frac{\omega_1}{\omega_4}=3 \\ C_2 & o_{21}=\frac{\omega_2}{\omega_1}=\frac{1}{o_{12}}=\frac{1}{3} & o_{22}=\frac{\omega_2}{\omega_2}=1 & o_{23}=\frac{\omega_2}{\omega_3}=\frac{o_{13}}{o_{12}}=\frac{2}{3} & o_{24}^{(1)}=\frac{\omega_2}{\omega_4}=\frac{o_{14}^{(1)}}{o_{12}}=1 \\ C_3 & o_{31}=\frac{\omega_3}{\omega_1}=\frac{1}{2} & o_{32}=\frac{\omega_3}{\omega_2}=\frac{o_{12}}{o_{13}}=\frac{3}{2} & o_{33}=\frac{\omega_3}{\omega_3}=1 & o_{34}^{(1)}=\frac{\omega_3}{\omega_4}=\frac{o_{14}^{(1)}}{o_{13}}=\frac{3}{2} \\ C_4 & o_{41}^{(1)}=\frac{\omega_4}{\omega_1}=\frac{1}{o_{14}^{(1)}}=\frac{1}{3} & o_{42}^{(1)}=\frac{\omega_4}{\omega_2}=\frac{o_{12}}{o_{14}^{(1)}}=1 & o_{43}^{(1)}=\frac{\omega_4}{\omega_3}=\frac{o_{13}}{o_{14}^{(1)}}=\frac{2}{3} & o_{44}=\frac{\omega_4}{\omega_4}=1 \end{bmatrix}$$

(f) 决策者再次检查矩阵$\boldsymbol{O}_1$ 确定是否有不合理元素。如果决策者确定所有的元素都合理,则只需对矩阵$\boldsymbol{O}_1$ 的任一行归一化得到准则层的权重向量。

$$\boldsymbol{\omega}'_{21}=[0.4615,0.1538,0.2308,0.1538]^T$$

(2) 考虑准则层属性间的关联,建立关联矩阵ω'_{22}。

(a) 确定准则层内部的相互关联关系如图 2-10 所示。

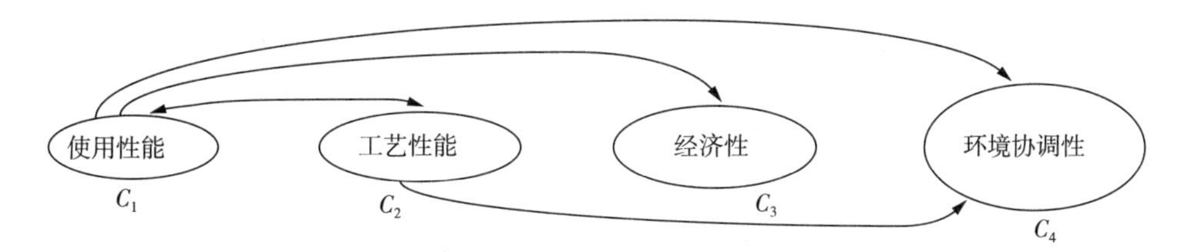

图 2-10　准则层间各元素之间的关联关系

(b) 相对于使用性能(控制指标),受使用性能控制的指标之间的重要性相互比较构成判断矩阵,采用同样地步骤确定相对于使用性能的准则层之间的权重,如表 2-2 的第二列所示。采用同样的方法分别可得到相对于工艺性能、经济性和环境协调性各准则之间的权重,分别列于表 2-2 的第 3、第 4 和第 5 列。不受控制指标影响的属性值权重直接赋值为零,例如表 2-2 中第三行的第三列为零,说明工艺性能不影响经济性能。

(c) 则准则层间消除关联之后的相对权重向量为

$$\boldsymbol{\omega}_{21}=\boldsymbol{\omega}'_{22}\times\boldsymbol{\omega}'_{21}=\begin{bmatrix}0.59 & 0.26 & 0.00 & 0.00\\ 0.20 & 0.58 & 0.00 & 0.00\\ 0.12 & 0.00 & 1.00 & 0.00\\ 0.09 & 0.16 & 0.00 & 1.00\end{bmatrix}\times\begin{bmatrix}0.4615\\ 0.1538\\ 0.2308\\ 0.1538\end{bmatrix}=\begin{bmatrix}\omega_{C_1}=0.31\\ \omega_{C_2}=0.18\\ \omega_{C_3}=0.29\\ \omega_{C_4}=0.22\end{bmatrix}$$

表 2-2　准则层之间的关联矩阵

ω'_{22}	使用性能(C_1)	工艺性能(C_2)	经济性(C_3)	环境协调性(C_4)
C_1	0.59	0.26	0.00	0.00
C_2	0.20	0.58	0.00	0.00
C_3	0.12	0.00	1.00	0.00
C_4	0.09	0.16	0.00	1.00

2.6.3.2　确定子准则层相对于准则层权重

根据同样的步骤,可确定$\boldsymbol{\omega}_{32}^{C_1}$(准则层 C_1 下的子准则相对于 C_1 的权重)、$\boldsymbol{\omega}_{32}^{C_2}$(准则层 C_2 下的子准则相对于 C_2 的权重)、$\boldsymbol{\omega}_{32}^{C_3}$(准则层 C_3 下的子准则相对于 C_3 的权重)、$\boldsymbol{\omega}_{32}^{C_4}$(准则层 C_4 下的子准则相对于 C_4 的权重)。

$$\boldsymbol{\omega}_{32}^{C_1}=\begin{bmatrix}\omega_{sc_1}^{C_1} & \omega_{sc_2}^{C_1} & \omega_{sc_3}^{C_1} & \omega_{sc_4}^{C_1} & \omega_{sc_5}^{C_1} & \omega_{sc_6}^{C_1} & \omega_{sc_7}^{C_1} & \omega_{sc_8}^{C_1} & \omega_{sc_9}^{C_1} & \omega_{sc_{10}}^{C_1}\\ 0.0467 & 0.1500 & 0.1474 & 0.0857 & 0.1373 & 0.0624 & 0.1008 & 0.0275 & 0.1103 & 0.1319\end{bmatrix}^T$$

$$\boldsymbol{\omega}_{32}^{C_2}=\begin{bmatrix}\omega_{sc_{11}}^{C_2} & \omega_{sc_{12}}^{C_2}\\ 0.45 & 0.55\end{bmatrix}^T \quad \boldsymbol{\omega}_{32}^{C_3}=\begin{bmatrix}\omega_{sc_{13}}^{C_3} & \omega_{sc_{14}}^{C_3} & \omega_{sc_{15}}^{C_3}\\ 0.21 & 0.42 & 0.37\end{bmatrix}^T$$

$$\boldsymbol{\omega}_{32}^{C_4}=\begin{bmatrix}\omega_{sc_{16}}^{C_4} & \omega_{sc_{17}}^{C_4} & \omega_{sc18}^{C_4} & \omega_{sc_{19}}^{C_4}\\ 0.32 & 0.18 & 0.28 & 0.22\end{bmatrix}^T$$

2.6.3.3　确定子准则层相对于目标层权重

$$\boldsymbol{\omega}_{31}(C_1)=\boldsymbol{\omega}_{C_1}\cdot\omega_{32}^{C_1}$$

$$=\begin{bmatrix}\omega_{sc_1} & \omega_{sc_2} & \omega_{sc_3} & \omega_{sc_4} & \omega_{sc_5} & \omega_{sc_6} & \omega_{sc_7} & \omega_{sc_8} & \omega_{sc_9} & \omega_{sc_{10}}\\ 0.0467 & 0.1500 & 0.1474 & 0.0857 & 0.1373 & 0.0624 & 0.1008 & 0.0275 & 0.1103 & 0.1319\end{bmatrix}^T$$

$$\boldsymbol{\omega}_{31}(C_2)=\omega_{C_2}\cdot\boldsymbol{\omega}_{32}^{C_2}=\begin{bmatrix}\omega_{sc_{11}} & \omega_{sc_{12}}\\ 0.0810 & 0.0990\end{bmatrix}$$

$$\boldsymbol{\omega}_{31}(C_3)=\omega_{C_3}\cdot\boldsymbol{\omega}_{32}^{C3}=\begin{bmatrix}\omega_{sc_{13}} & \omega_{sc_{14}} & \omega_{sc15}\\ 0.0609 & 0.1218 & 0.1073\end{bmatrix}$$

$$\boldsymbol{\omega}_{31}(C_4)=\omega_{C_4}\cdot\boldsymbol{\omega}_{32}^{C4}=\begin{bmatrix}\omega_{sc_{16}} & \omega_{sc_{17}} & \omega_{sc_{18}} & \omega_{sc_{19}}\\ 0.0704 & 0.0396 & 0.0616 & 0.0484\end{bmatrix}$$

$\boldsymbol{\omega}_{31}(C_1)$、$\boldsymbol{\omega}_{31}(C_2)$、$\boldsymbol{\omega}_{31}(C_3)$、$\boldsymbol{\omega}_{31}(C_4)$ 分别表示准则 C_1、C_2、C_3、C_4 下各子准则相对于目标层的权重。

下面以准则层考虑关联前后准则层权重变化为例,为了说明关联矩阵法计算权重值得合理性。假设规定在图 2-10 中,两准则间是双箭头连接,这两属性间的信息冗余程度为2;如果是单箭头连接,这两属性间的冗余程度为1;如果没有箭头连接,这两属性间的冗余程度为0,可计算出使用性能的冗余度为4,工艺性能的冗余程度为3,经济性的冗余程度为1,环境协调性的冗余程度为2。冗余程度越大,说明该属性包含的信息已体现在其它属性中,所以考虑关联之后使用性能的权重从0.4615降到0.31是合理的,因为规范化的权重和是1,所以相应的其它属性值权重有所增大也是合理的。

2.6.4 属性值规范化

2.6.4.1 对准则层 C_1 下的子准则属性值规范化

用 b_{ij} 表示可行解的初始值,其中 i $(i=1,2,\cdots,m)$,$j(j=1,2,\cdots,n_1,n_1+1,n_1+2,\cdots,n_1+n_2,n_1+n_2+1,n_1+n_2+2,\cdots,n_1+n_2+n_3)$。其中 $m=4$ 表示可行解的个数,$n_1=6$ 表示精确值定量属性个数,$n_2=2$ 表示区间值定量属性个数,$n_3=2$ 表示定性属性个数。对于定量属性可通过查表确定其属性值列于表2-3中,利用公式(2-12)计算出属性值和优区间(成本型及其扩展指标)或劣区间之间的距离(效益型及其扩展指标)$d(\tilde{b}_{ij},\tilde{c}^j)$,利用公式(2-7)计算出 b_{ij}^*,利用公式(2-9)计算出 r_{ij},计算结果同样列于表2-3中。对于定性属性由专家根据经验给出二元语义评价值表2-4,再利用定义2-4转为数字值同样列于表2-4中。

表2-3 定量属性原始值及规范化值

可行解	sc_1 kg/m^3		sc_2 m/s		sc_3 MPa		sc_4 GPa		sc_5 MPa		sc_6 10^{-6}/℃		sc_7 W/m. K		sc_8 HB	
	b_{i1}	r_{i1}	b_{i2}	r_{i2}	b_{i3}	r_{i3}	b_{i4}	r_{i4}	b_{i5}	r_{i5}	b_{i6}	r_{i6}	b_{i7}	r_{i7}	b_{i8}	r_{i8}
al_1	7400	3.31	60	6.37	20	3.42	52	4.56	79	2.58	23	4.25	[35,45]	7.00	[150,170]	7.00
al_2	8800	2.62	6.5	7.00	12	2.58	110	2.58	200	5.74	18	7.00	[50,90]	2.58	[300,400]	2.58
al_3	8900	2.58	12	2.58	25	5.11	97	4.78	230	7.00	18	7.00	[40,60]	5.02	[300,500]	3.58
al_4	2900	7.00	14	2.67	31	7.00	71	7.00	150	4.37	24	2.58	[60－70]	3.12	[300,400]	2.58

表2-4 定性属性值的二元语义及其数字

可行解	sc_9 二元语义	r_{i9}	sc_{10} 二元语义	r_{i10}
al_1	$(s_1^{(7)},\ 0.46)$	1.46	$(s_6^{(7)},\ -0.38)$	5.62
al_2	$(s_6^{(7)},\ -0.40)$	5.60	$(s_5^{(7)},\ -0.38)$	4.62
al_3	$(s_3^{(7)},\ 0.32)$	3.32	$(s_2^{(7)},\ 0.06)$	2.06
al_4	$(s_2^{(7)},\ 0.14)$	2.14	$(s_3^{(7)},\ 0.00)$	3.00

2.6.4.2 对其他准则层下的子准则属性值规范化

其它子准则数据采用同样的方法规范化之后的数据列于表 2-5 中。

表 2-5 其它 9 个子准则的规范化属性值

Feasible solutions	sc_{11}	sc_{12}	sc_{13}	sc_{14}	sc_{15}	sc_{16}	sc_{17}	sc_{18}	sc_{19}
al_1	5.45	6.21	3.58	2.56	3.63	4.21	3.21	5.21	2.86
al_2	4.85	6.25	4.21	3.58	4.21	5.12	3.52	5.82	3.21
al_3	5.20	5.20	5.25	4.89	5.26	6.21	4.58	5.25	5.21
al_4	4.25	4.28	4.98	4.35	4.82	5.38	4.25	5.18	4.08

2.6.5 用 PROMETHEE 排序

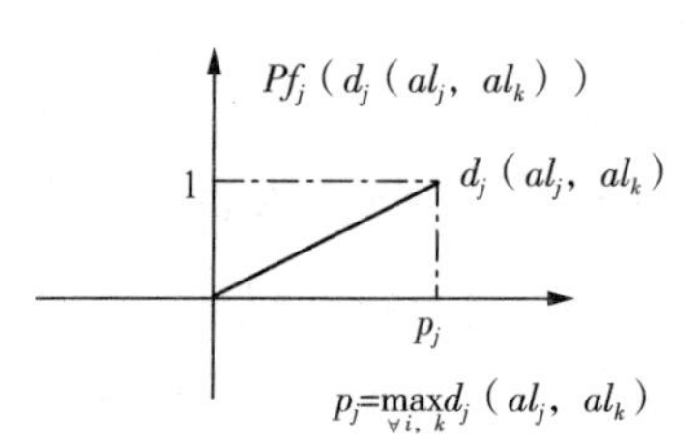

图 2-11 优先函数

优先函数的形式如图 2-11 所示，严格优先值为 $p_j=\max\limits_{\forall i,\ k}(r_{ij}-r_{kj})$，即对任一属性严格优先值取任意两个方案属性值差的最大值。表 2-6 列出了计算结果，既然 $\varphi(al_3)>\varphi(al_4)>\varphi(al_2)>\varphi(al_1)$，所以 al_3 (Aluminum bronze) 是最好的选择。

为了说明 PROMETHEE 方法的有效性，我们再次引用引言中提到的如果两个方案 $\boldsymbol{r}'=(0.56,\ 0.25,\ 0.16)$，$\boldsymbol{r}''=(0.42,\ 0.30,\ 0.20)$，并且假设各属性值的权重相等，采用 PROMETHEE 方法，可计算出 $\varphi(al')=-0.2666$，$\varphi(al'')=0.2666$，al'' 优于 al'，这一结果更加符合我们的直观认识，说明 PROMETHEE 方法能够克服线性加权方法产生的补偿效用而提高了决策的精度。另外从表 2-7 可以看出，不管采用哪种方法，最好的选择都是 al_3 (Aluminum bronze)，最差的选择都是 al_1 (Tin－based bearing alloy)，说明选择 al_3 是值得信赖和可靠的，采用 TOPSIS 和 WAA 排序方法得到的结果是 al_2 优于 al_4，而采用 ELECTER 和 PROMETHEE 得到的排序结果是 al_4 优于 al_2，这两个方案的 19 个子准则中，有一个子准则相同，有 10 个子准则是 al_4 优于 al_2，只有 8 个子准则是 al_4 劣于 al_2，说明 PROMETHEE 和 ELECTER 的排序结果更合理。

表 2-6 方案的出流量、入流量和净流量

$\pi(al_i,al_k)$	al_1	al_2	al_3	al_4	$\varphi^+(al_i)$	$\varphi(al_i)$
al_1	0.0000	0.0828	0.1434	0.1720	0.3982	－0.3290
al_2	0.1735	0.0000	0.1194	0.1839	0.4768	－0.1168
al_3	0.2850	0.3525	0.0000	0.1659	0.8034	0.4836

(续表)

$\pi(al_i,al_k)$	al_1	al_2	al_3	al_4	$\varphi^+(al_i)$	$\varphi(al_i)$
al_4	0.2697	0.1573	0.0570	0.0000	0.4840	0.0378
$\varphi^-(al_i)$	0.7282	0.5926	0.3198	0.5218		

表 2-7 计算结果和排序结果比较

Materials	线性加权和计算结果	排序结果	理想解法结算结果	排序结果	ELECTRE计算结果	排序结果	PROMETHEE计算结果	排序结果
al_1	4.2298	4	0.4125	4	−0.8178	4	−0.3290	4
al_2	4.5820	2	0.5167	2	0.1762	3	−0.1168	3
al_3	4.9460	1	0.6062	1	1.0811	1	0.4836	1
al_4	4.4648	3	0.4885	3	1.0019	2	−0.0378	2

另外,相比于文献[87]提出的基于目标的属性值规范化方法,本专著提出的属性值规范化方法具有以下几个优点:(a) 文献[87]提出的属性值规范化方法只能应用于效益型、成本型和固定型属性,而本专著提出的方法不仅能应用于效益型、成本型和固定型属性而且可用于远离型、区间型和远离区间型;(b) 文献[87]提出的属性值规范化方法只能应用于属性值为精确实数,而本专著提出的属性值规范化方法不仅可用于精确实数也可用于区间数和模糊数;(c) 本专著的方法确保任意属性值大于零,而在文献[87]中方案的最差的规范化属性值为零。

本章的计算过程是在Matlab中通过编程的方法进行的,有效地解决了计算过程复杂的问题。为进一步简化和加快计算过程,下一步的研究方向是开发设计图形用户界面(graphical user interface,GUI)。图形用户界面就是通过窗口、菜单、按钮、文字说明等对象构成一个美观的界面,用户利用鼠标或键盘方便地实现操作。

2.7 本章总结(Summary)

(1) 本章将成本型和效益型属性类型扩展为6种属性类型,并分析了这6种属性类型之间的关系,在此基础上利用两区间数之间的距离公式提出了一个可适应六种属性的规范化公式。对于三角或梯形模糊数可利用α截集和扩展原理把三角或梯形模糊数转化为区间数,而精确实数是一种特殊的区间数,所以本章提出的属性值规范化方法可应用于任何属性类型和任何类型属性值。

(2) 权重的确定方法分为主观赋权法和客观赋权方法,主观赋权法体现了权重的本质含义，因此本章采用层次分析法确定权重。当矩阵维数比较高时，很难满足一致性要求，在这种情况下求出的权重的误差比较大。针对这种情况，本章提出了一种通过交互式方式直接构造一致性判断矩阵方法，该方法可以让决策者在交互当中不断修正自己的偏好，逐渐使偏好一致，因此无须一致性检验。

(3) 由于单纯的层次分析法无法体现属性之间的关联，本章在层次分析法的基础上再采用网络分析法确定属性的最终权重值。

(4) 本章最后采用基于属性关联的PROMETHEE方法解决机械制造过程中材料选择问题，并将决策结果同其它决策方法相比较，通过比较论证了本章所采用方法的有效性和可靠性。

3 基于模糊推理响应面的快速成型工艺参数优化

3.1 引言(Introduction)

为了提高机械制造产品的质量和加工效率,第一步是选择合适材料,在选择合适材料的基础上,在机械制造过程中还应根据待加工零件的形状、精度及批量要求进一步优化加工工艺参数。大多数用户只是尝试使用制造商提供的工艺参数,或者根据经验确定工艺参数,并没有系统地通过实验及数学方法优化工艺参数。实际上工艺参数选择得好坏直接影响了加工零件的精度及加工效率,所以为了达到事半功倍的效果,在机械制造过程中研究如何优化工艺参数具有重要的理论和实践意义。

本章利用北京殷华激光快速成型与模具技术有限公司研制的 MEM－300 快速成型机(如图 3－1 所示),加工用丝材为 ABS 塑料(是由丙烯腈(A)、丁二烯(B) 和苯乙烯(S) 组成的三元共聚物)。因主要考察水平面尺寸精度、边角翘曲变形和加工时间等三个指标,而不涉及粗糙度和平行度、圆柱度等形位特征,所以设计成型实验零件为 60mm × 20mm × 9mm 的长方体,成型该实验制件无须添加支撑,也无须后处理,加工方便,成型时间适中。本章按照实验设计,在不同的实验条件下加工该制件,了解单个工艺参数对加工过程及原型精度影响,在此基础上通过优化决策方法进一步确定最佳工艺参数。

MEM－300 快速成型机的加工方法是采用熔融堆积成型(Fused Deposition Modeling,FDM),或称丝状材料选择性熔覆,具体的加工流程示意图如图 3－2 所示[150－151]:(a) 利用软件工具建立待加工原型的 CAD 模型,确定成型方向,三角化处理 CAD 实体模型将其转化为 STL 文件格式;(b) 切层软件对三维实体模型切层,形成沿零件制作方向具有一定层厚的二维轮廓切片;(c) 最后生成具有一定扫描路径的控制文件被传送到成型系统中,形成数控代码;(d) 在计算机控制下,根据截面轮廓信息,数控系统驱动喷头沿坐标 X－Y 平面运动;被送至喷头的丝材在喷头中加热、熔化,然后被选择性地熔融堆积在工作台上,冷却后形成一层截面;加工完一层截面后,成型底板下降一层

图 3-1　MEM—300 快速成型机

厚，再进行后一层的堆积，如此循环，直至加工完成原型。FDM工艺方法相对于其他快速成型工艺(例如，SLA、SLS、LOM)等，该工艺成本低、对环境污染小，因此得到广泛的应用。对于FDM研究最关心的是两个问题[152]：一是目前快速成型材料的成型性能大多不够理想，成型件的物理性能不能满足功能型零件要求，所以如何开发新材料，使得在对设备不用做太多改进的情况下能直接成型零件或工具；二是如何提高精度和效率。正如文献[153]指出，存在5个因素影响熔融堆积成型制件的精度：(a)用有限小的三角形面片逼近CAD模型面片近似过程形成的尺寸误差，(b)喷头喷出的丝材具有一定的直径导致的误差，(c)成型时材料收缩，使得成型零件实际尺寸和设计尺寸不同，(d)扫描驱动系统位置精度引起的误差，(e)成型后，除去辅助支撑，并对其进行清洗和表面后处理过程可能导致的误差。

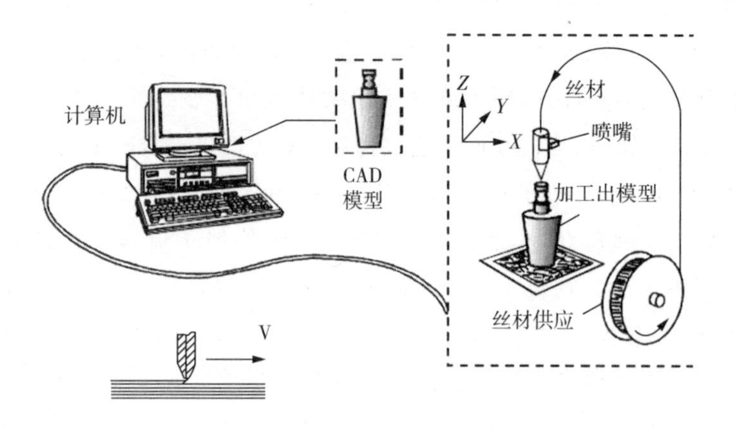

图 3-2　FDM加工流程示意图

为提高FDM制件精度，目前主要的研究热点主要有以下几点[154]：(a)研制更优秀的直接切片和自适应切片软件或用对三维CAD模型进行面片逼近的文件格式取代传统的STL文件格式；(b) 优化成型方向，分层方向是一个很重要的工艺参数，它直接影响着原型的精度、制作时间及制作费用，甚至关系到原型的制作成败[155]，文献[156]以获得最佳的表面质量和最佳加工时间为目标，利用实数编码的遗传算法得到最佳的成型方向；文献[157]利用简单线性加权方法获得最优成型方向；(c) 工艺参数优化，例如文献[158-159]。

本章主要从工艺参数优化方面出发研究如何提高快速成型制件的精度和成型效率。虽然有很多文献研究如何优化快速成型制件工艺参数，但是大部分文献得出的最优工艺参数局限于选定的实验参数水平上，而实际上最优参数值并不一定就是在选定的实验参数水平上，而可能是可行域内的其他值。因此本章采用模糊推理响应面法优化熔融堆积快速成型工艺参数，利用模糊推理方法将多个考察指标转化为一个综合指标，利用响应面的方法建立起工艺参数和综合指标之间的数学模型，然后利用遗传算法求解得到最优工艺参数值。

3.2 响应面方法(Response Surface Methodology, RSM)

3.2.1 多项式响应面模型

响应面的计算方法主要包含4个步骤：因素筛选、实验、建模、优化[160]，基本思想是通过构造一个具有明确表达形式的多项式来表达隐式功能函数，它是以实验设计为基础的用于处理多变量问题建模和分析的一套统计处理技术。根据响应逼近函数形式的不同，响应面建模方法分为多项式响应面、神经网络响应面、Kriging响应面等[161]。多项式响应面模型常用低阶多项式函数形式，一方面可以减少待估参数的个数，另一方面也可避免响应剧烈震荡，具有计算量小和简单易用的优点，本章重点介绍多项式响应面模型。

设第 j 次实验的响应量(输出特性) y_j 与实验因素 x_i(x_i 为第 i 个实验因素，$i=1,2,\cdots,m$；m 为实验因素的总数)间的函数关系为 $y_j=f(x_1,x_2,\cdots,x_m)+\varepsilon_j$，$\varepsilon_j$ 为拟合误差，是一个随机噪声因素，一般可假设相互独立且同服从 $N(0,\sigma^2)$ 分布(均值为零，方差为 σ^2 的正态分布)。常见的响应面模型有一阶响应面模型，表达式为[162]

$$y_j=\beta_0+\sum_{i=1}^{m}\beta_i\cdot x_{ji}+\varepsilon_j \tag{3-1}$$

二阶响应面模型，表示为[162]

$$y_j=\beta_0+\sum_{i=1}^{m}\beta_i\cdot x_{ji}+\sum_{i=1}^{m}\beta_{ii}\cdot x_{ji}^2+\sum_{i=1}^{m-1}\sum_{t=i+1}^{m}\beta_{it}\cdot x_{ji}\cdot x_{jt}+\varepsilon_j \tag{3-2}$$

其中 β_0 为常数项系数，β_i 表示 x_i 的线性效应，β_{ii} 表示 x_i 的二次效应，β_{it} 表示 x_i 和 x_t 之间的交互效应，x_{ji} 为实验因素 x_i 的第 j 次实验的取值，x_{jt} 为实验因素 x_t 的第 j 次实验的取值。

3.2.2 参数估计

分别记 $\beta_i(i=1,2,\cdots,m)$、$\beta_{ii}(i=1,2,\cdots,m)$、$\beta_{it}(i=1,2,\cdots,m-1;t=2,3,\cdots,m)$ 的估计为 $\hat{\beta}_i$、$\hat{\beta}_{ii}$、$\hat{\beta}_{it}$。每一个样本点 $(x_{j1},x_{j2},\cdots,x_{jm})$（$j=1,2,\cdots,n$，为第 j 次实验点），由式(3-2)可得到第 j 次试验的响应值的数学期望或称回归值为

$$\hat{y}_j=\hat{\beta}_0+\sum_{i=1}^{m}\hat{\beta}_i\cdot x_{ji}+\sum_{i=1}^{m}\hat{\beta}_{ii}x_{ji}^2+\sum_{i=1}^{m-1}\sum_{t=i+1}^{m}\hat{\beta}_{it}\cdot x_{ji}\cdot x_{jt} \tag{3-3}$$

称由(3-3)式求得的 $\hat{y}_j$ 为回归值，我们总希望由估计 $\hat{\beta}_i$、$\hat{\beta}_{ii}$、$\hat{\beta}_{it}$ 所定出的回归方程能使一切 y_j（第 j 次试验实际测得值）与 $\hat{y}_j$ 之间的偏差达到最小，根据最小二乘原理[162]，即要求：

$$Q(\hat{\beta}_0,\hat{\beta}_i,\hat{\beta}_{ii},\hat{\beta}_{it})=\min\sum_{j=1}^{n}(y_j-\hat{y}_j)^2 \tag{3-4}$$

由于 Q 是 $\hat{\beta}_0,\hat{\beta}_i,\hat{\beta}_{ii},\hat{\beta}_{it}$ 的一个非负二次型，故极小值必存在，根据微积分的理论可知，只要 Q 对 $\hat{\beta}_0,\hat{\beta}_i,\hat{\beta}_{ii},\hat{\beta}_{it}$ 的一阶偏导数为 0。则可得到：

$$\hat{\boldsymbol{\beta}}=(X'X)^{-1}X'Y \tag{3-5}$$

其中 X 为结构矩阵：

$$X=\begin{bmatrix}1 & x_{11} & x_{12} & \cdots & x_{1m} & x_{11}^2 & \cdots & x_{1m}^2 & x_{11}\cdot x_{12} & \cdots & x_{1(m-1)}\cdot x_{1m}\\ 1 & x_{21} & x_{22} & \cdots & x_{2m} & x_{21}^2 & \cdots & x_{2m}^2 & x_{21}\cdot x_{22} & \cdots & x_{2(m-1)}\cdot x_{2m}\\ \vdots & \vdots & \vdots & \cdots & \vdots & \vdots & \cdots & \vdots & \vdots & \vdots & \\ 1 & x_{n1} & x_{n2} & \cdots & x_{nm} & x_{n1}^2 & \cdots & x_{nm}^2 & x_{n1}\cdot x_{n2} & \cdots & x_{n(m-1)}\cdot x_{nm}\end{bmatrix}_{n\times(p+1)}$$

其中 n 为实验次数($n>p+1$)，$p=m+m+m(m-1)/2$，$m(m-1)/2$ 为交互效应的个数。$\boldsymbol{Y}=[y_1,y_2,\cdots,y_j,\cdots,y_n]'$ 为每次试验测得的值。

3.2.3 假设检验

(1) 方程显著性检验

响应量 y 与 x_i、x_i^2、$x_i\cdot x_t$ 之间是否满足式(3-2)，如果不满足，那么一切 β_i、β_{ii}、β_{it} 均应为 0，这相当于检验假设(Hypothesis)：

$$H_0:\quad \beta_i=\beta_{ii}=\beta_{it}=0 \tag{3-6}$$

是否成立？

数据总的偏差平方和：

$$S_T=\sum_{j=1}^{n}(y_j-\bar{y})^2=\sum_{j=1}^{n}(y_j-\hat{y}_j)^2+\sum_{j=1}^{n}(\hat{y}_j-\bar{y})^2=S_e+S_R \tag{3-7}$$

其中 $\bar{y}=\frac{1}{n}\sum_{j=1}^{n}y_j$。令 $S_e=\sum_{j=1}^{n}(y_j-\hat{y}_j)^2$ 为残差平方和，$S_R=\sum_{j=1}^{n}(\hat{y}_j-\bar{y})^2$ 为回归平方和。

于是在假设(3-6)为真时，检验统计量 F[162]

$$F=\frac{S_R/p}{S_e/(n-p-1)}\sim F(p,n-p-1)$$

在给定显著性水平 α 下，当 $F\geqslant F_{1-\alpha}(p,n-p-1)$ 时拒绝假设(3-6)，即认为 y 与 x_i、x_i^2、$x_i\cdot x_t$ 之间不满足式(3-6)。在统计软件中为避免查表，一般是根据 F 值直接给出假设为真的概率 P。若 $P<0.01$，回归方程非常显著，若 $P<0.05$，回归方程显著，若 $P>0.05$，回归方程不显著。

方程显著性检验也可采用相关系数 R^2 检验，相关系数 R^2 计算方法如下[163-164]：

$$R^2=\frac{\left(\sum_{j=1}^{n}\hat{y}_jy_j-n\bar{y}\,\bar{\hat{y}}\right)^2}{\left(\sum_{j=1}^{n}\hat{y}_j^2-n\bar{\hat{y}}^2\right)\left(\sum_{j=1}^{n}y_j^2-n\bar{y}^2\right)} \tag{3-8}$$

其中 $\bar{\hat{y}}=\frac{1}{n}\sum_{j=1}^{n}\hat{y}_j$。$R^2$ 越接近于1，说明响应面模型越准确。

当一个变量加入模型中，无论该变量对响应的贡献多大，R^2 总要增加，因此当 R^2 增加时，很难判断该变量是否真的重要。因此完全有这种可能，既一个模型具有很大的 R^2 值，但仍会产生较大的预测误差。所以衡量一个模型的好坏还要加入一个参数，即平均相对绝对误差(Absolute Average Relative Error，AARE)，来衡量模型性能的好坏，平均相对绝对误差越小则模型的性能越好[165]。平均相对绝对误差的计算方法如下：

$$AARE=\frac{100}{n}\sum_{j=1}^{n}\frac{|\hat{y}_j-y_j|}{|y_j|} \tag{3-9}$$

(2) 变量显著性检验

如果因子 x_i、x_i^2、$x_i\cdot x_t$ 对 y 作用不显著，那么对应的 β_i、β_{ii}、β_{it} 应该为0，这相当于检验假设：

$$\begin{cases}H_{0i}:\beta_i=0(i=1,2,\cdots,m)\\H_{0ii}:\beta_{ii}=0(i=1,2,\cdots,m)\\H_{0it}:\beta_{it}=0(i=1,2,\cdots,m-1;t=2,3,\cdots,m)\end{cases} \tag{3-10}$$

是否成立？由于$\hat{\beta}_i \sim N(\beta_i, c_i\sigma^2)$，$\hat{\beta}_{ii} \sim N(\beta_{ii}, c_{ii}\sigma^2)$，$\hat{\beta}_{it} \sim N(\beta_{it}, c_{it}\sigma^2)$，其中$\sigma^2 = S_e/(n-p-1)$[169]，$c_i$、$c_{ii}$、$c_{it}$分别为$(X'X)^{-1}$中除去第一个对角元素之外与之对应的对角元素。当假设(3-10)为真时，检验统计量t_i，

$$t_i = \beta_i/(\sqrt{c_i} \cdot \sigma^2) \sim t(n-p-1)$$

在给定显著性水平α下，当$|t_i| \geqslant t_{1-\alpha/2}(n-p-1)$时拒绝假设(3-10)，即认为与$x_i$对$y$显著。在统计软件中为避免查表，一般是根据$|t_i|$值直接给出假设为真的概率$P$。若$P < 0.01$，$x_i$非常显著，若$P < 0.05$，$x_i$显著，若$P > 0.05$，$x_i$不显著。

3.3 模糊推理(Fuzzy Inference System，FIS)

在很多情况下决策者对考察指标重要性的估计很难用固定的权值来表示，对综合性能指标偏好态度也很难用某种固定的集成算子来表示。这种偏好信息往往是用知识的形式存储于决策者的头脑中，由于以知识形式存储的决策者的偏好信息容易以规则形式表示，即用IF－THEN的形式描述。模糊推理则正是处理这种偏好信息的有效工具，它是从一个或几个已知的判断中引申出新判断的思维过程[166]。一般来说，推理都包含两部分判断，一部分是已知的判断，作为推理的出发点，叫作前提(或前件)；另一部分是结果判断，由前提推出的新判断，叫做结论(或后件)。基于二值逻辑的推理为清晰推理过程，基于模糊逻辑的推理过程为模糊推理，模糊推理是一种近似推理，二维模糊推理原理如图3-3所示。

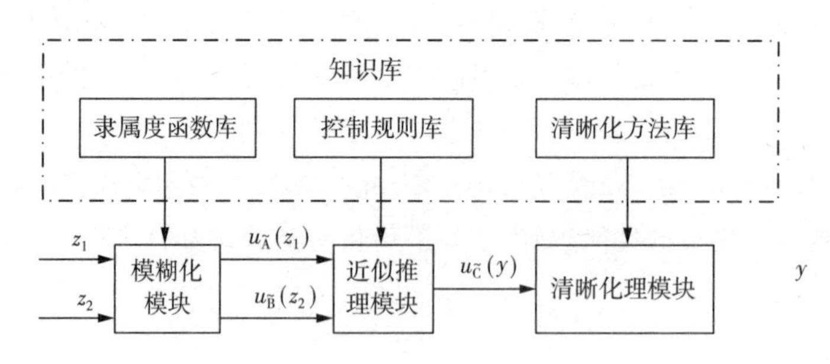

图3-3　Mamdani二维模糊推理原理图

由图3-3可知，模糊推理系统主要由模糊化模块、近似推理模块和清晰化模块等3部分组成。把输入的清晰值映射成模糊子集及其隶属度的变换过程，称为模糊化过程。在论域Ud模糊子集的数目应适当，较多时虽可提高运算的精度，但相应的模糊规则数目呈指数级增长，致使运算量大幅增加。称映射：$u_{\tilde{A}}: Ud \rightarrow [0,1]$，$x \mapsto u_{\tilde{A}}(x) \in [0,1]$确定$Ud$上的模糊子集。映射$u_{\tilde{A}}(\cdot)$称为模糊子集$\tilde{A}$的隶属函数，$u_{\tilde{A}}(x)$称为论域上任一元素

x 对 $\widetilde{A}$ 的隶属程度。如果对论域中任意两个元素 x、y 满足：

$$u_{\widetilde{A}}(tx+(1-t)y) \geqslant \min\{u_{\widetilde{A}}(x), u_{\widetilde{A}}(y)\} \quad t \in [0,1]$$

则称模糊子集 $\widetilde{A}$ 为正凸模糊子集，本章所使用的模糊子集均为正凸模糊子集。

3.3.1　近似推理模块

3.3.1.1　模糊蕴含关系

设存在模糊控制规则(Rule)Ru“若 z 是 $\widetilde{\boldsymbol{A}}$，那么 y 是 $\widetilde{\boldsymbol{B}}$”则该规则表示了 $\widetilde{A}$ 和 $\widetilde{B}$ 之间的模糊蕴含关系，记为 $\widetilde{\boldsymbol{A}} \rightarrow \widetilde{\boldsymbol{B}}$。在模糊逻辑应用中，主要有模糊蕴含最小运算、模糊蕴含积运算、模糊蕴含算数运算和模糊蕴含布尔运算。本章利用模糊蕴含最小运算。设 Z 和 Y 为论域，$\widetilde{\boldsymbol{A}} \subset P(Z)$（$P(Z)$ 为 Z 上所有模糊子集所组成的集合称为 Z 的模糊幂集(Power Set)），$\widetilde{\boldsymbol{B}} \subset P(Y)$，用 $\wedge$ 表示取小运算，则模糊控制规则 Ru 的隶属函数为[167]：

$$u_{Ru}(z,y) = \widetilde{\boldsymbol{A}} \rightarrow \widetilde{\boldsymbol{B}} = \widetilde{\boldsymbol{A}} \times \widetilde{\boldsymbol{B}} = \int_{Z \times Y} \frac{u_{\widetilde{A}}(z) \wedge u_{\widetilde{B}}(y)}{(z,y)}$$

对有限集 $\widetilde{\boldsymbol{A}} = \{u_{\widetilde{A}}(z_1), u_{\widetilde{A}}(z_2), \cdots, u_{\widetilde{A}}(z_m)\}$，$\widetilde{\boldsymbol{B}} = \{u_{\widetilde{B}}(y_1), u_{\widetilde{B}}(y_2), \cdots, u_{\widetilde{B}}(y_n)\}$，有

$$u_{Ru}(z,y) = \widetilde{A} \rightarrow \widetilde{B} = \widetilde{A}^T \times \widetilde{B} = \begin{bmatrix} u_{\widetilde{A}}(z_1) \wedge u_{\widetilde{B}}(y_1) & \cdots & u_{\widetilde{A}}(z_1) \wedge u_{\widetilde{B}}(y_n) \\ \vdots & & \vdots \\ u_{\widetilde{A}}(z_m) \wedge u_{\widetilde{B}}(y_1) & \cdots & u_{\widetilde{A}}(z_m) \wedge u_{\widetilde{B}}(y_n) \end{bmatrix}$$

3.3.1.2　模糊推理

Mamdani 推理方法是一种在模糊控制中普遍使用的方法，因此本专著使用 Mamdani 推理方法。

(1) 一维输入模糊推理

假定模糊控制规则 Ru：假设 z_1 是 $\widetilde{A}$，则 y 是 $\widetilde{C}$。对于给定的 $\widetilde{\boldsymbol{A}}^*$，$\widetilde{\boldsymbol{A}}^* \in P(Z_1)$，已知 $\widetilde{\boldsymbol{A}} \rightarrow \widetilde{\boldsymbol{C}}$ 的模糊蕴含关系 Ru，则可推出 $\widetilde{C}^*$

$$\widetilde{\boldsymbol{C}}^* = \widetilde{\boldsymbol{A}}^* \circ Ru$$

$\widetilde{C}^*$ 中的任一元素 y 对 $\widetilde{C}^*$ 的隶属度为

$$u_{\widetilde{C}^*}(y) = u_{\widetilde{A}*}(z_1) \circ u_{Ru}(z_1, y) = \sup_{z_1 \in Z_1} \{u_{\widetilde{A}^*}(z_1) \wedge [u_{\widetilde{A}}(z_1) \wedge u_{\widetilde{C}}(y)]\}$$

$$= \bigvee_{z_1 \in Z_1} \{u_{\widetilde{A}^*}(z_1) \wedge u_{\widetilde{A}}(z_1)\} \wedge u_{\widetilde{C}}(y) = a_A \wedge u_{\widetilde{C}}(y)$$

"sup"表示对后面算式结果当 z_1 在 Z_1 中变化时取其上确界，若 Z_1 为有限论域时，"sup"就是取大运算。$a_A = \bigvee_{z_1 \in Z_1} \{u_{\widetilde{A}^*}(z_1) \wedge u_{\widetilde{A}}(z_1)\}$，推理过程如图 3-4 所示。

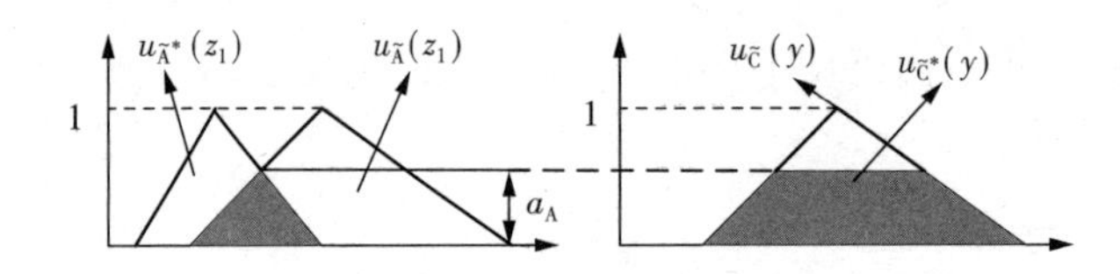

图 3-4 单输入模糊推理

(2) 二维输入模糊推理

对于多维模糊控制规则 Ru："若 z_1 是 $\widetilde{\boldsymbol{A}}$，$z_2$ 是 $\widetilde{\boldsymbol{B}}$，则 y 是 $\widetilde{C}$"。则模糊控制规则 Ru 可分解模糊控制规则 Ru'（若 z_1 是 $\widetilde{A}$，则 y 是 $\widetilde{C}$）和模糊控制规则 Ru''（z_2 是 $\widetilde{B}$，则 y 是 $\widetilde{C}$）的交运算，也即取小运算。对于给定的 $\widetilde{\boldsymbol{A}}^*$，$\widetilde{\boldsymbol{A}}^* \in P(Z_1)$ 和 $\widetilde{B}^*$，$\widetilde{\boldsymbol{B}}^* \in P(Z_2)$，可得出 $\widetilde{\boldsymbol{C}}^*$

$$\widetilde{C}^* = \widetilde{A}^* \circ Ru' \wedge \widetilde{B}^* \circ Ru''$$

$\widetilde{\boldsymbol{C}}^*$ 中任一元素 y 的隶属函数为 $u_{\widetilde{C}^*}(y)$ 为

$$u_{\widetilde{C}^*}(y) = u_{\widetilde{A}*}(z_1)^{\circ} u_{Ru'}(z_1, y) \wedge u_{\widetilde{B}^*}(z_2)^{\circ} u_{Ru''}(z_2, y)$$

$$= \sup_{z_1 \in Z_1} \{u_{\widetilde{A}^*}(z_1) \wedge u_{\widetilde{A}}(z_1) \wedge u_{\widetilde{C}}(y)\} \wedge \sup_{z_2 \in Z_2} \{u_{\widetilde{B}^*}(z_2) \wedge u_{\widetilde{B}}(z_2) \wedge u_{\widetilde{C}}(y)\}$$

$$= \bigvee_{z_1 \in Z_1} \{[u_{\widetilde{A}^*}(z_1) \wedge u_{\widetilde{A}}(z_1)] \wedge u_{\widetilde{C}}(y)\} \wedge \bigvee_{z_1 \in Z_2} \{[u_{\widetilde{B}^*}(z_2) \wedge u_{\widetilde{B}}(z_2)] \wedge u_{\widetilde{C}}(y)\}$$

$$= \{\bigvee_{z_1 \in Z} [u_{\widetilde{A}^*}(z_1) \wedge u_{\widetilde{A}}(z_1)] \wedge u_{\widetilde{C}}(y)\} \wedge \{\bigvee_{z_1 \in Z_2} [u_{\widetilde{B}^*}(z_2) \wedge u_{\widetilde{B}}(z_2)] \wedge u_{\widetilde{C}}(y)\}$$

$$= [a_A \wedge u_{\widetilde{C}}(y)] \wedge [a_B \wedge u_{\widetilde{C}}(y)] = (a_A \wedge a_B) \wedge u_{\widetilde{C}}(y)$$

其中 $a_A = \bigvee_{z_1 \in Z_1} [u_{\widetilde{A}^*}(z_1) \wedge u_{\widetilde{A}}(z_1)]$，$a_B = \bigvee_{z_1 \in Z_2} [u_{\widetilde{B}^*}(z_2) \wedge u_{\widetilde{B}}(z_2)]$，推理过程如图 3-5 所示。

(3) 多输入多规则模糊推理

若规则 Ru_1 的输出为 $u_{\widetilde{C}_1^*}(y)$，规则 Ru_2 的输出为 $u_{\widetilde{C}_2^*}(y)$，规则 R_h 的输出为 $u_{\widetilde{C}_h^*}(y)$，则 $\widetilde{C}^*$ 中任一元素 y 的隶属函数为 $u_{\widetilde{C}^*}(y)$ 为

$$u_{\widetilde{C}^*}(y) = u_{\widetilde{C}_1^*}(y) \vee u_{\widetilde{C}_2^*}(y) \cdots \vee \cdots u_{\widetilde{C}_h^*}(y)$$

也就是说输出的隶属函数是各模糊规则输出隶属函数的取大运算的结果。图 3-6 以图形的形式形象地描述了若有两条模糊规则的二维输入模糊推理过程：第 1 条规则 Ru_1 为若 z_1 是 $\widetilde{A}_1$，且 z_2 是 $\widetilde{B}_1$，则 y 是 $\widetilde{C}_1$；第二条规则 Ru_2 为若 z_1 是 $\widetilde{A}_2$，且 z_2 是 $\widetilde{B}_2$，则 y 是 $\widetilde{C}_2$。

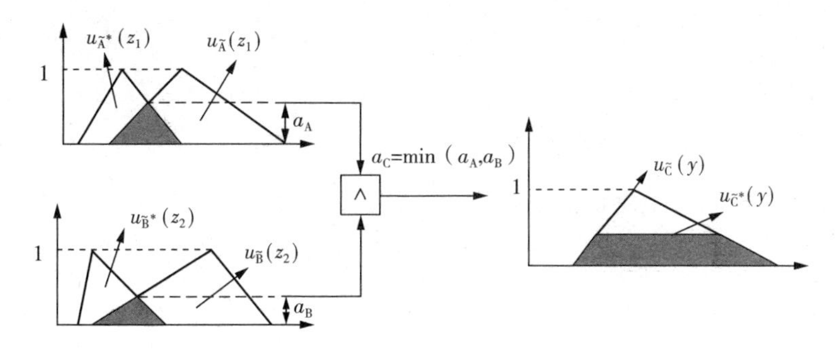

图 3-5　二维输入模糊推理图

3.3.2　去模糊化方法

把模糊集合转化为单个数值，即选定一个清晰值去代表某个表述模糊事物或概念的模糊集合，去模糊的方法应该直观合理、言之有据。去模糊化的常见方法有[168]：面积中心法、面积平分法、梯级平均综合法，最大隶属度法。最大隶属度法是利用隶属度最大点对应的横坐标值作为模糊数的精确值。该方法计算简单，但有以偏概全之嫌，没能把隶属度函数的全部信息包含进去。面积平分法是先求出模糊集合隶属度函数曲线和横坐标包围区域的面积，再找出将该面积等分成两份的平分线对应的横坐标值作为模糊数的精确值。面积中心法是求出模糊集合隶属度函数曲线和横坐标包围区域面积的中心，选这个中心对应的横坐标值作为模糊数的精确值。假设梯形模糊数为 $\tilde{a}=(a^l,a^{m_1},a^{m_2},a^u)$，对应的隶属度函数如图 1-2 所示，则采用面积中心法的解模糊值为 $defuzz(\tilde{a})$[169]：

$$
\begin{aligned}
defuzz(\tilde{a}) &= \frac{\int xu(x)\mathrm{d}x}{\int x\mathrm{d}x} \\
&= \frac{\int_{a^l}^{a^{m_1}} \left(\frac{x-a^l}{a^{m_1}-a^l}\right)x\mathrm{d}x + \int_{a^{m_1}}^{a^{m_2}} x\mathrm{d}x + \int_{a^{m_2}}^{a^u} \left(\frac{a^{m_2}-x}{a^u-a^{m_2}}\right)x\mathrm{d}x}{\int_{a^l}^{a^{m_1}} \left(\frac{x-a^l}{a^{m_1}-a^l}\right)\mathrm{d}x + \int_{a^{m_1}}^{a^{m_2}} \mathrm{d}x + \int_{a^{m_2}}^{a^u} \left(\frac{a^{m_2}-x}{a^u-a^{m_2}}\right)\mathrm{d}x} \\
&= \frac{-a^l a^{m_1} + a^{m_2} a^u + \frac{1}{3}(a^u-a^{m_2})^2 - \frac{1}{3}(a^{m_1}-a^l)^2}{-a^l - a^{m_1} + a^{m_2} + a^u}
\end{aligned}
\tag{3-11}
$$

梯级平均综合法解模糊[170]是首先求出 α 截集左右极限值的平均值，并把它看作在此 α 截集下的解模糊值，然后以 α 值为权重，求出一系列 α 截集下的解模糊值的加权和，即利用公式(3-12)。

$$defuzz(\tilde{a}) = \int_0^1 \alpha\left[\frac{a^l + a^u + (a^{m_1} - a^l - a^u + a^{m_2})\alpha}{2}\right]\mathrm{d}\alpha \Big/ \int_0^1 \alpha \mathrm{d}\alpha$$
$$= \frac{a^l + 2a^{m_1} + 2a^{m_2} + a^u}{6} \tag{3-12}$$

在 Matlab 模糊推理系统中默认的去模糊化方法是采用面积中心法即采用公式(3-11)。相比于面积中心法，梯级平均综合法解模糊计算过程简单。

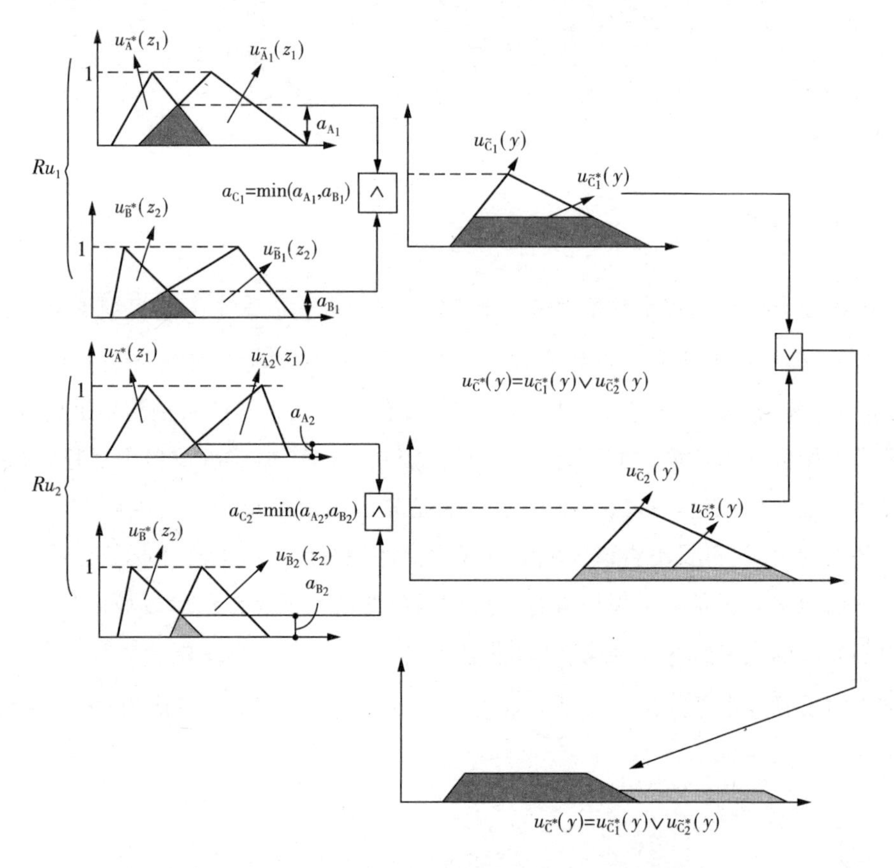

图 3-6　两条二维输入规则的 Mamdani 推理过程

3.4　实验设计及实验结果 (Experiment Design and Output Responses)

3.4.1　考察指标及控制因子的确定

FDM工艺过程的指标好坏主要从加工精度和成型的效率两个方面来衡量，所以本专著优化工艺参数的考察指标设为尺寸精度(Dimensional Errors,DE)、翘曲变形量(Warp Deformation,WD)、加工时间(Build Time,BT) 等三个。尺寸精度和翘曲变形主要用来衡量加工精度的高低,其值越小说明加工精度越高;加工时间主要用来加工效率的高低,其值越小说明加工效率越高。

作者在文献[97]中已经通过实验详细分析了 FDM 中常见几个工艺参数(喷嘴温度与成型室环境温度、扫描速度与挤出速度、层厚、线宽补偿量、延迟时间、和喷嘴与底板之间的距离等) 对制件精度及成型过程的影响。在实际成型中由于喷嘴温度的变化不当极易导致喷嘴堵塞,成型室温度变化不当极易导致原型与成型底板分离,所以不将温度列为控制因子,而直接取生产厂商推荐的参数;更换不同的喷嘴直径将极大提高实验成本。本实验最后选择线宽补偿量(x_1)、挤出速度(x_2)、填充速度(x_3)、分层厚度(x_4)这四个工艺参数为控制因子,它们的具体含义如下:

(1) 线宽补偿。由于喷丝具有一定的宽度,在填充轮廓路径时实际轮廓线超出理论轮廓线一些区域,因此填充轮廓路径时要对理论轮廓线进行补偿,该补偿值即为线宽补偿。喷丝的宽度由于受到很多因素的影响,所以在堆积成型时是不断变化的而不是一个固定值。

(2) 挤出速度和填充速度。挤出速度是指丝材从喷嘴中挤出的速度,其大小主要由送丝速度和挤出压力决定。填充速度是喷嘴移动速度。填充速度太低,降低了加工效率,而且灼热的喷头烤煳其下的已加工层,严重时产生节瘤。填充速度太高则一方面可能会使喷头产生机械颤动,影响了零件的精度;另一方面丝材被拉成细丝,导致无法正常加工。填充速度不变,随着挤出速度增大,丝宽逐渐膨胀,填充丝的截面形状由 1 膨胀到 2、3(如图 3-7(a) 所示),当挤出丝的速度增大到一定程度时,挤出丝黏附于喷嘴的外圆锥面上(如图 3-7(b) 所示),致使无法正常加工。所以在加工过程中这两种速度应该合理匹配,填充速度增大,挤出速度也应相应增大;填充速度减小,挤出速度也应减小。

(3) 层厚是指将三维数据模型进行切片时每个层片的厚度。

通过单因素实验确定四个控制因子的取值范围分别为:$x_1 \in [0.17,0.25]$mm、$x_2 \in [20,30]$mm/s、$x_3 \in [20,40]$mm/s、和 $x_4 \in [0.15,0.30]$mm。

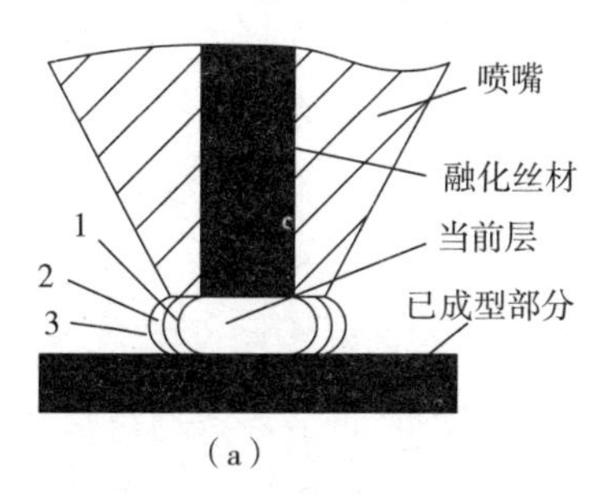

(a)

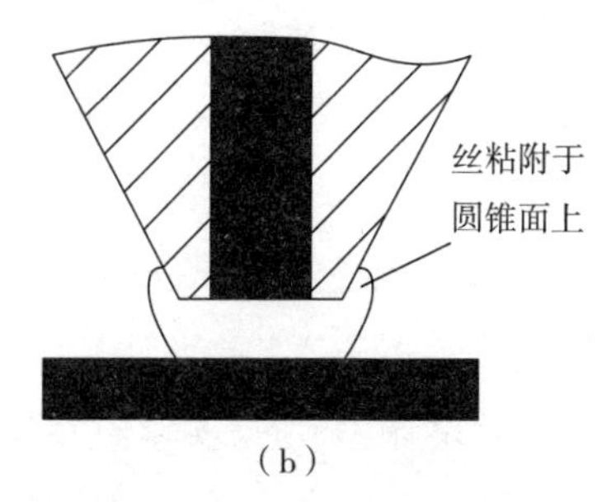

(b)

图 3-7　挤出速度对出丝的影响

部分没有列为控制因子的参数取值见表 3－1。

表 3－1　固定参数取值

参数	喷嘴直径(mm)	喷嘴温度(℃)	成型室温度(℃)	网格间距(mm)	填充方式
取值	0.3	230	50	2	双向异侧直线扫描

3.4.2　实验设计

实验设计是实验处理的一个计划方案及与计划方案有关的统计分析，是数理统计的一个重要分支，常用的实验设计方法有全面实验法、正交实验设计和均匀实验设计。

(1) 全面实验设计。全面实验设计把每个因素的每个水平都一一搭配起来，从中找出最好的生产条件。假设某一项实验中的实验因素个数是 m，每个实验因素取 n 个水平，则需实验次数是 n^m。全面实验的优点是分析结果比较仔细，结论比较精确，但由于它需要较多的实验次数(例如实验因素的个数是 4，每个实验因素取 5 个水平，则采用全因素实验法需要实验次数是 $5^4=625$)，在多因素多水平的场合常常是不可取，有时甚至是不可能[171]。

(2) 正交实验设计。根据正交设计的思想，运用数学的方法，将正交实验中各因素和各水平最佳搭配的结果编制成表格，称这一套规格化的表格为正交实验设计表，简称正交表。正交表具有均衡搭配和综合可比两个特点，因此能以少量的实验方案取代全面实验，以节省实验过程的人力、物力和时间[172]。均衡搭配是指在多因素所有正交实验中，每个因素的各个水平参加的次数都相同，每两个因素的水平的各种搭配在所有实验中全部出现而且次数相等(对两因素实验而言，正交实验就是全面实验)；综合可比是指正交表的设计正是在其余因素完全一致的情况下，对另一因素的各个水平加以比较。已经规范化的正交表(Orthogonal)常用符号 $L_K(P^J)$ 表示，如 $L_8(2^7)$ 等，其意义是：L，安排实验方案的正交表；K，实验次数；P，参加实验因素的水平数；J，正交表的列数，最多可安排实验因素的个数。由于正交表的特点可得出，实验次数是因素水平数的平方的整数倍，即 $K=n\cdot P^2$。当水平数增加时，实验次数按平方的比例增加，例如水平数从 9 增加到 10 时，实验次数从 81 至少要增加到 100。因此正交实验设计只适合水平不太多(一般 $\leqslant 5$) 的多因素实验，当水平数较多时，实验次数相当多，例如 11 个水平的实验至少要 $11^2=121$ 次，30 个水平的实验至少要 $30^2=900$ 次。

(3) 均匀设计。均匀实验设计是我国的王元院士和方开泰教授提出的，通过均匀设计表组织的实验设计，只考虑实验点在实验范围内均匀分散而不考虑综合可比性，这一方法在导弹设计中取得了成效。均匀设计表 $U_K(P^J)$，如 $U_{17}(17^{16})$ 的意义是：U，表示均匀设计(Uniform Design)；K，实验次数；P，参加实验因素的水平数；J，均匀表的列数，最多可安排实验因素的个数。均匀表具有如下特点[173]：

(a) 每个因素每个水平做一次且仅做一次实验，因此均匀实验设计的实验次数等于实验水平数，$K=P$。

(b) 任两个因素的实验画在平面的格子点上，每行每列恰有一个试验点。

(c) 均匀设计表任两列组成的实验方案一般并不等价。因此使用均匀一般不宜随意排列，而应当选择均匀性搭配得比较好的列。为了保证安排实验时具有较好的均匀搭配性，在安排实验时应当遵照均匀设计表附带的使用表规定来安排实验方案。

(d) 实验表之间的关系。将实验次数为奇数的均匀设计表的最后一行去掉，就得到比它次数少一次的偶数表，而且使用表不变。

(e) 当水平数增加时实验次数按水平数的增加量增加，当水平数从 9 增加到 10 时，实验次数也从 9 增加到 10，这是均匀设计的最大优点。

均匀实验设计实验次数比正交实验设计的实验次数明显减少，使其特别适合于多因素多水平的实验和系统模型完全未知的情况[174-175]。熔融堆积成型工艺参数和考察指标之间的性能完全未知，如果采用正交实验设计则需实验次数特别多，为了减少实验次数则每个因素只能取较少的水平数，例如 3 或 4 个，而这么少的实验点难以准确反映因素和考察指标之间的关系。因此本章采用均匀实验设计，每个因素在其取值范围内平均分为 17 个水平，均匀实验设计表为 $U_{17}(17^{16})$。按照均匀实验设计表 $U_{17}(17^{16})$ 的使用表规定，当实验因素的个数是 4 个时，为了保证实验安排的均匀性，应该将这 4 个因素分别安排均匀设计表的第 1 列、第 10 列、第 14 列和第 15 列，表 3-2 列出了本章的实验安排。

3.4.3　实验结果

在本实验中在每个实验条件下进行三次相同的操作。制件经后处理后，用游标卡尺对每次成型制件分别在长度方向和宽度方向相隔较远的位置测量两次，每次测量值减去理论值得出尺寸误差值，计算出 12 次尺寸误差的平均值用 z_{1j} $(j=1,2,\cdots,17)$ 表示并列于表 3-2 的第 6 列中；对每次成型的制件分别测量四个边角的翘曲变形量，计算出 12 次翘曲变形的平均值用 z_{2j} $(j=1,2,\cdots,17)$ 表示并列于表 3-2 的第 7 列中；求出每个实验方案三次加工时间的平均值 z_{3j} $(j=1,2,\cdots,17)$ 并列于表 3-2 的第 8 列中。

表 3-2　均匀实验设计及其实验结果

Exp. No.	控制因子				实验结果		
	1(x_1)	10(x_2)	14(x_3)	15(x_4)	z_1:DA (μm)	z_2:WD (μm)	z_3:BT (min)
	1(0.1700)	10(25.620)	14(36.25)	15(0.2816)	2.02	5.24	25.11

（续表）

Exp. No.	控制因子				实验结果		
	1(x_1)	10(x_2)	14(x_3)	15(x_4)	z_1:DA (μm)	z_2:WD (μm)	z_3:BT (min)
2	2(0.1750)	3(21.250)	11(32.50)	13(0.2628)	2.31	6.70	29.18
3	3(0.1800)	13(27.500)	8(28.75)	11(0.2440)	2.00	9.28	33.27
4	4(0.1850)	6(23.125)	5(25.00)	9(0.2252)	4.60	10.30	33.51
5	5(0.1900)	16(29.375)	2(21.25)	7(0.2064)	1.58	11.10	34.41
6	6(0.1950)	9(25.000)	16(38.75)	5(0.1876)	2.81	12.67	29.89
7	7(0.2000)	2(20.625)	13(35.00)	3(0.1688)	6.29	11.08	33.21
8	8(0.2050)	12(26.875)	10(31.25)	1(0.1500)	1.85	13.46	32.17
9	9(0.2100)	5(22.500)	7(27.50)	16(0.2910)	8.21	5.38	31.78
10	10(0.2150)	15(28.750)	4(23.75)	14(0.2722)	9.03	6.75	34.87
11	11(0.2200)	8(24.375)	1(20.00)	12(0.2534)	10.38	6.82	33.78
12	12(0.2250)	1(20.000)	15(37.50)	10(0.2346)	3.71	9.03	29.78
13	13(0.2300)	11(26.250)	12(33.75)	8(0.2158)	7.82	10.28	34.04
14	14(0.2350)	4(21.875)	9(30.00)	6(0.1970)	8.23	9.39	34.58
15	15(0.2400)	14(28.125)	6(26.25)	4(0.1782)	8.13	13.36	33.70
16	16(0.2450)	7(23.750)	3(21.25)	2(0.1594)	9.02	12.87	36.41
17	17(0.2500)	17(30.000)	17(40.00)	17(0.3000)	9.73	5.82	26.87

3.5 数据分析和优化(Data Analysis and Optimization)

3.5.1 将三个考察指标转化为综合性能值

(1) 模糊化

在三个指标的取值论域范围内取三个模糊子集，分别为小(Small,S)、中等(Medium,M)、大(Large,L)，假设隶属函数为高斯型隶属函数(Gaussmf)。高斯型隶属函数为

$$f(x,\upsilon,cp)=e^{-\frac{(x-cp)^2}{2\upsilon^2}} \tag{3-13}$$

其中，cp 决定函数中心位置(Center Position，cp)，υ 决定函数曲线的宽度。其中小(S)、中等(M)、大(L)的中心位置 cp 值分别取相应论域中的最小值、最小值和最大值的平均

值、最大值；对于三个考察指标尺寸误差(DA)、翘曲变形(WD)、加工时间(BT)的隶属函数中 υ 值分别取为 1.495、1.396、和 1.925。隶属度函数图形分别如图 3－8、图 3－9 和图 3－10 所示。在综合性能(CR)取值论域内[0,100]取 9 个模糊子集，分别为极差(Extremely Poor,EP)、很差(Very Poor,VP)、差(Poor,P)、较差(Relatively Poor,RP)、中等(Medium,M)、较好(relatively good,RG)、好(Good,G)、很好(Very Good,VG)、极好(Extremely Good,EG)，假设隶属函数为三角函数(Trimf)，曲线如图 3－11 所示。

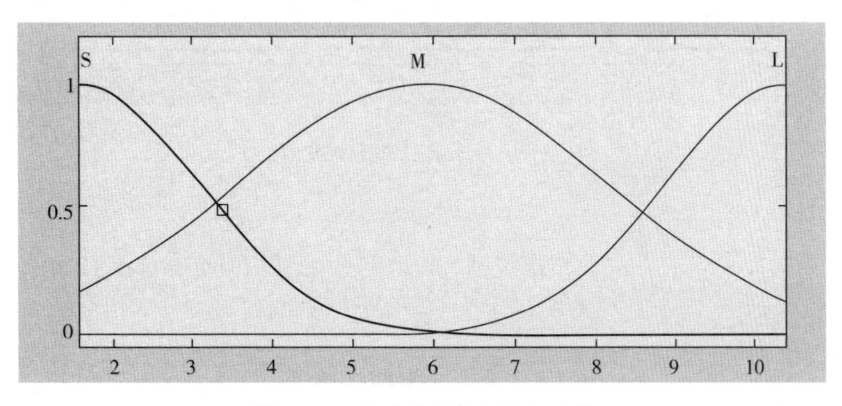

图 3－8　尺寸误差的隶属度函数

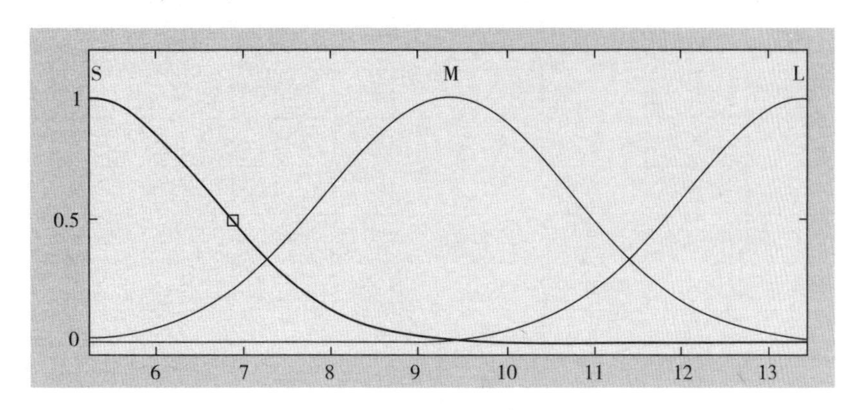

图 3－9　翘曲变形隶属度函数

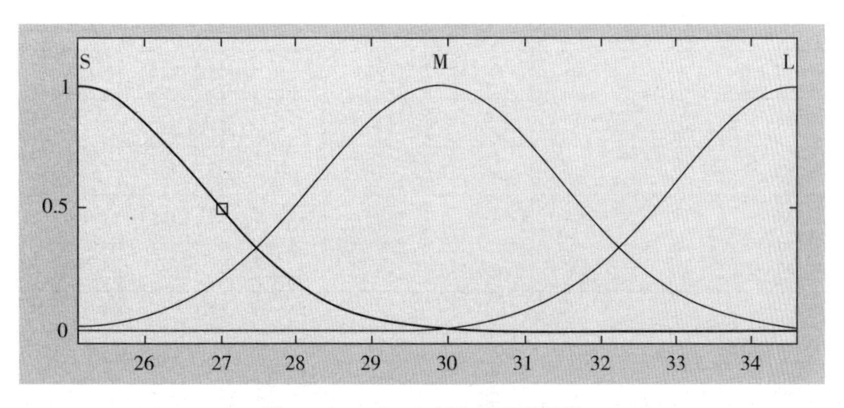

图 3－10　加工时间隶属度函数

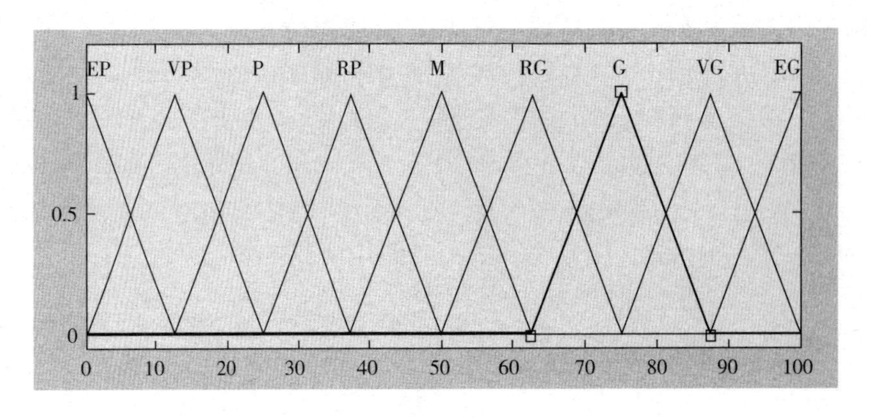

图 3-11　综合性能隶属度函数

(2) 模糊规则编辑

建立如表3-3所示的27条模糊规则，例如序号1表示"If DE is S，WD is S，and BT is S，then CR is EG"。

表 3-3　模糊规则表

序号	模糊规则输入量			输出量	序号	模糊规则输入量			输出量
	DE	WD	BT	CR		DE	WD	BT	CR
1	S	S	S	EG	15	M	M	L	P
2	S	S	M	EG	16	M	L	S	M
3	S	S	L	G	17	M	L	M	RP
4	S	M	S	VG	18	M	L	L	P
5	S	M	M	RG	19	L	S	S	RG
6	S	M	L	M	20	L	S	M	M
7	S	L	S	M	21	L	S	L	P
8	S	L	M	RP	22	L	M	S	M
9	S	L	L	P	23	L	M	M	RP
10	M	S	S	VG	24	L	M	L	P
11	M	S	M	RG	25	L	L	S	RP
12	M	S	L	RP	26	L	L	M	P
13	M	M	S	G	27	L	L	L	EP
14	M	M	M	M					

(3) 去模糊化

模糊推理系统界面如图 3-12 所示，模糊推理后的综合性能值(Comprehensive

response,CR)列于表3-4中。在图3-12中,左边3列是输入值,右边1列是输出值CR。每1行代表1条模糊规则,每1行只显示该条模糊规则对应的隶属度函数图,例如第1条模糊规则是"If DE is S,WD is S,and BT is S,then CR is EG",则第1行显示的隶属函数图依次是S,S,S,EG,其他的隶属函数图则不显示出来。左边3列的竖直红线对应的是当前输入值的大小。输出CR中,每1行表示每条模糊规则对应输出的隶属函数,最后1行表示所有模糊规则输出隶属函数取大运算结果的隶属函数,图中的红色粗实线表示隶属函数运用公式(3-11)去模糊化后的清晰值,列于表3-4第2列中。

表3-4 综合性能值及其预测值

Exp. No.	Comprehensive response(y)	Predicted by RSM($\hat{y}_{rsm}$)	Error %	Predicted by ANN($\hat{y}_{bp}$)	Error %
1	90.2	90.20	0.00	89.91	0.32
2	75.7	73.70	2.64	76.10	0.53
3	48.5	48.04	0.95	43.27	10.78
4	38.4	41.36	7.71	38.05	0.92
5	35.1	35.19	0.26	35.59	1.43
6	32.8	36.25	10.52	37.82	15.30
7	35.2	34.23	2.76	34.72	1.36
8	24.4	21.91	10.20	24.54	0.57
9	53.2	55.68	4.66	47.80	10.15
10	38.3	39.27	2.53	38.41	0.29
11	33.3	29.84	10.39	33.35	0.15
12	55.5	56.00	0.90	47.83	13.81
13	38.4	34.44	10.31	38.10	0.78
14	28.2	28.66	1.63	28.18	0.08
15	21.6	23.38	8.24	24.41	13.00
16	17.5	17.5	0.00	17.82	1.83
17	52.5	52.5	0.00	52.41	0.17
AARE			4.34		4.20

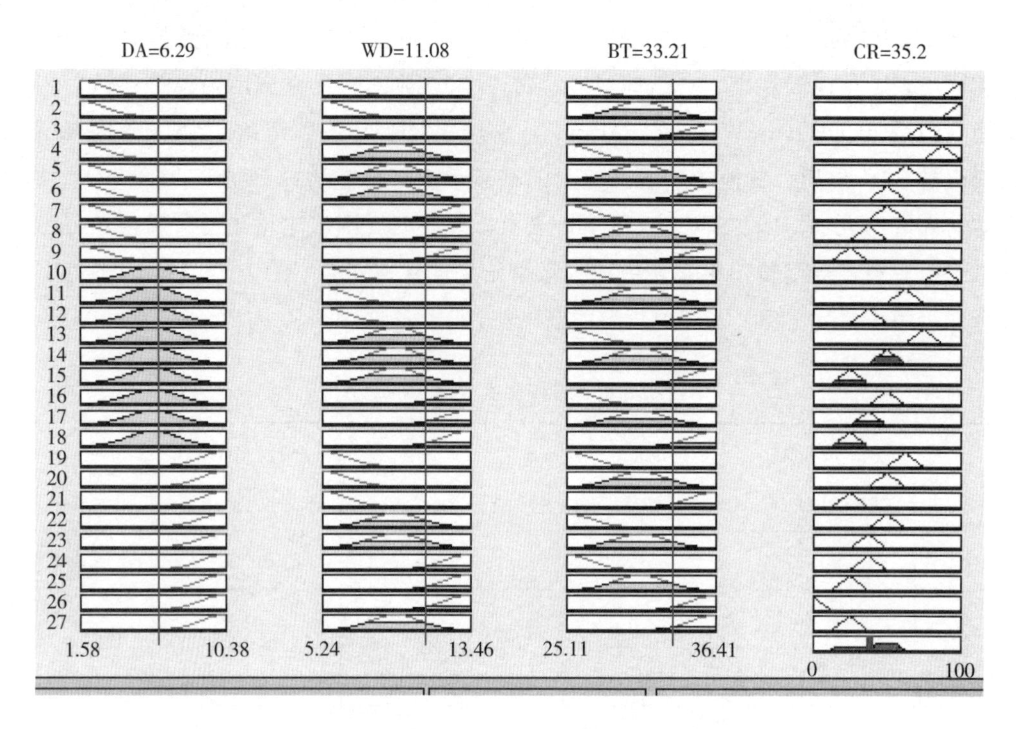

图 3-12 Matlab 中模糊推理界面

3.5.2 响应面模型

3.5.2.1 多项式响应面模型

采用一阶和二阶响应面模型方差分析表及方程显著性检验如表 3-5 所示，回归系数及变量显著性检验如表 3-6 所示。比较表 3-5 和 3—6 明显看出，二阶响应面模型的不仅相关系数 R^2 大而且平均相对绝对误差 $AARE$ 值也小，所以本章就采用二阶响应面模型。根据表 3-6 的二阶响应面回归系数值，可知二阶响应面的数学模型为：

$$\begin{aligned}\hat{y}_{rsm} &= 806.409 - 333763.1x_1 + 225.303x_2 + 14.814x_3 - 2759.88x_4 \\ &+ 67560.93x_1^2 - 3.5705x_2^2 + 0.168x_3^2 + 10607.87x_4^2 + 17.163x_1x_2 \\ &+ 172.218x_1x_3 - 1.859x_2x_3 + 5.569x_2x_4 - 61.5343x_3x_4\end{aligned} \tag{3-14}$$

表 3-4 列出了综合性能值的二阶响应面模型预测值及其预测误差。

表 3-5 响应面模型方差分析表

参数	自由度	平方和	平方和均值	检验统计量 F	P 值
一阶响应面模型					
回归分析(S_R)	4	4886.52	122.163	17.42	6.16×10^{-5}

（续表）

参数	自由度	平方和	平方和均值	检验统计量 F	P 值
残差（S_e）	12	841.644	70.137		
总计（S_T）	16	5728.165			
$R^2=0.8531$　$AARE=15.6863$					
二一阶响应面模型					
回归分析（S_R）	13	5640.293	433.869	14.513	0.0238
残差（S_e）	3	87.872	29.291		
总计（S_T）	16	5728.165			
$R^2=0.9847$　$AARE=4.3355$					

表 3-6　回归系数及显著性检验

响应面类型	回归变量	回归系数（$\hat{\beta}_i$）	标准误差（$\sqrt{c_i}\cdot\sigma^2$）	t 值（回归系数/标准误差）	P 值
一阶响应面模型	常数项	40.17235	27.817	1.444165	0.174291
	x_1	−299.883	85.06881	−3.52519	0.004183
	x_2	−0.8255	0.686932	−1.20172	0.252654
	x_3	0.951011	0.33524	2.836809	0.014985
	x_4	254.2995	45.85558	5.545662	0.000127
二阶响应面模型	常数项	806.4087	1109.724	0.726675	0.519993
	x_1	−33763.1	31488.85	−1.07222	0.036220
	x_2	225.3031	187.367	1.202469	0.315434
	x_3	14.81442	8.487287	1.745484	0.179241
	x_4	−2759.88	2129.249	−1.29617	0.002856
	x_1^2	67560.93	63978.71	1.055991	0.368492
	x_2^2	−3.57047	2.993119	−1.19289	0.318657
	x_3^2	0.167614	0.190082	0.881797	0.442819
	x_4^2	10607.87	9549.434	1.110838	0.034766
	$x_1\cdot x_2$	17.16263	30.55647	0.561669	0.613569
	$x_1\cdot x_3$	172.2178	170.6421	1.009234	0.387202
	$x_2\cdot x_3$	−1.85956	1.44668	−1.2854	0.288894
	$x_2\cdot x_4$	5.569676	17.19573	0.323899	0.767282
	$x_3\cdot x_4$	−61.5343	84.20874	−0.73074	0.517838

3.5.2.2　BP 神经网络验证

(1)BP 神经网络(Artificial Neural Network,ANN) 基本概念

如图 3-13 所示。BP 网络学习过程由信号的正向传播与误差的反向传播两个过程组成。正向传播时,输入样本从输入层,经各隐含层逐层处理后,传向输出层[176−177]。若输出层的实际输出信号与期望输出信号(教师信号) 不一致时,则转入误差反向传播阶段。误差反传是将输出误差以某种形式通过隐层向输入层逐层反传,并将误差分摊给各层的所有单元,从而获得各层单元的误差信号,此误差信号即作为修正各单元权值的依据。这种信号的正向传播与误差的反向传播时各层权值调整过程,是周而复始地进行,直到网络输出的误差减少到可接受的程度或进行到预先设定的学习次数为止。

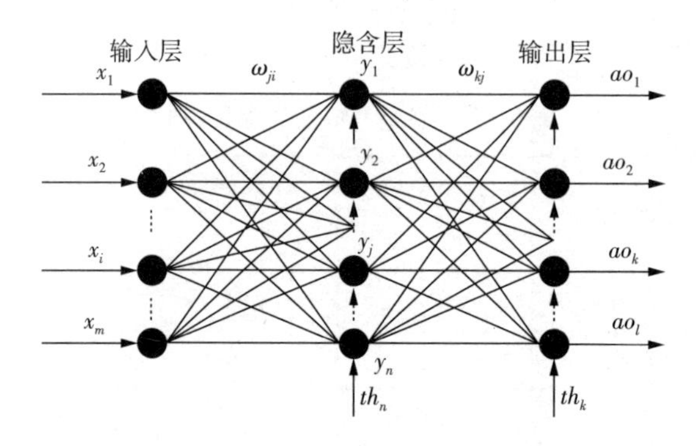

图 3-13　三层 BP 网络

(2) 标准 BP 神经网络学习算法

本专著以三层 BP 神经网络为例论述 BP 神经网络算法。输入层第 i 个节点的输入值为 $x_i(i=1,2,\cdots,m)$,隐节点的输出为 $y_j(j=1,2,\cdots,n)$,输出节点的实际输出(Actual Output,ao) 和期望输出(desired output,do) 分别分为 ao_k、$do_k(k=1,2,\cdots,l$,输入层到隐层的连接权值为 ω_{ji},隐层到输出层的连接权值为 ω_{kj},隐含层、输出层的阈值(Threshold,th) 分别为 th_j、th_k。

(a) 信号的正向传播

对隐含层的任一神经元有(如图 3-14 所示)

$$y_j=f(net_j)\quad net_j=\sum_{i=1}^{m}(\omega_{ji}x_i+th_j)$$

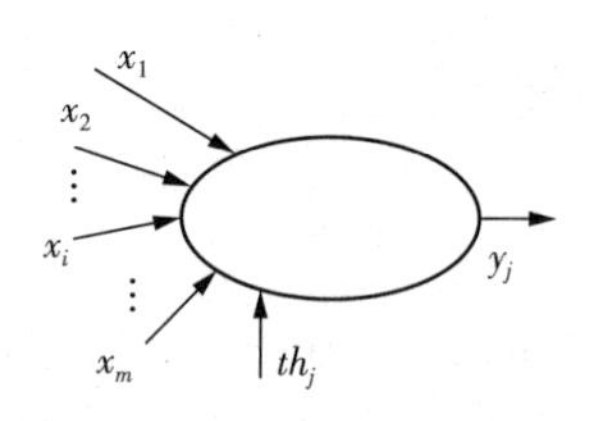

图 3-14　人工神经元结构

变换函数 $f(\cdot)$ 一般采用 sigmoid 函数(如图 3-15 所示),

$$f(x)=\frac{1}{1+\mathrm{e}^{-\tau x}}$$

τ 称为陡度因子,τ 值越大,函数的斜率越大。

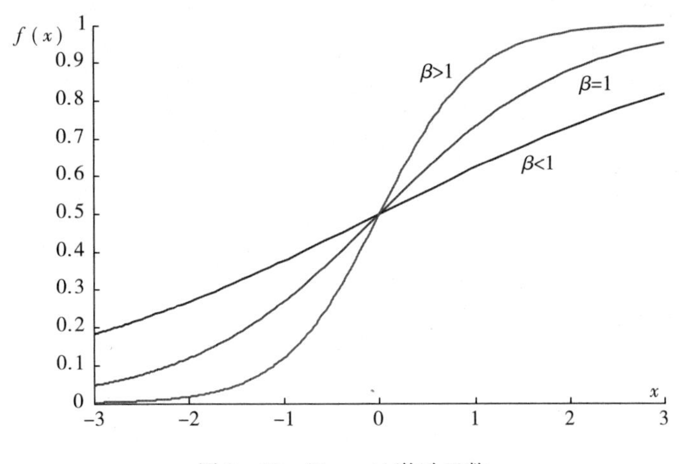

图 3-15　Sigmoid 激励函数

同样对输出层有　$ao_k = f(net_k)$　$net_k = \sum_{j=1}^{n} (\omega_{kj} y_j + th_k)$(b) 误差反向传播

当网络的实际输出与期望输出不一致时，存在误差(Error，Er)

$$Er = \frac{1}{2} \sum_{k=1}^{l} (do_k - ao_k)^2$$

权值调整的原则是使误差不断减小，因此应使权值的调整量与误差的梯度下降成正比，即

$$\Delta\omega_{kj} = -\eta \frac{\partial Er}{\partial \omega_{kj}} = \eta\delta_k^o y_j = \eta(do_k - ao_k) ao_k (1 - ao_k) y_j$$

$$\Delta\omega_{ji} = -\eta \frac{\partial Er}{\partial \omega_{ji}} = \eta\delta_j^y x_i = \eta\left(\sum_{k=1}^{l} \delta_k^o \omega_{kj}\right) y_j (1 - y_j) x_i \tag{3-15}$$

其中 η 为学习速率，δ_k^o 为输出层误差信号，$\delta_k^o = -\frac{\partial Er}{\partial(net_k)}$，$\delta_j^y$ 为隐含层误差信号，$\delta_j^y = -\frac{\partial Er}{\partial(net_j)}$。

(c) 检查网络总误差是否达到精度要求

$$Er_{总} = \sqrt{\frac{1}{2} \sum_{p=1}^{P} \sum_{k=1}^{l} (do_k^p - ao_k^p)^2}$$

当 $Er_{总} < Er_{min}$，训练结束，do_k^p、ao_k^p 分别表示第 $p(p=1,2,\cdots,P)$ 样本输出层第 k 个节点的期望输出和实际输出。在 Matlab 仿真时，系统默认的是计算平均平方误差(MSE，Mean Squared Error)，即

$$MSE = \frac{1}{Pl} \sum_{p=1}^{P} \sum_{k=1}^{l} (do_k^p - ao_k^p)^2 \tag{3-16}$$

(3)BP 神经网络拟合结果

(a)BP 神经网络构建

文献[178] 证明了任何一个非线性映射都可以用一个三层前向网络很好地逼近。因此本章采用单隐层神经网络。因为有 4 个输入变量,所以输入层神经元的个数就取 4;因为只有一个输出变量(综合性能值 CR),所以输出层的神经元个数就取 1。根据文献[179] 提供的公式,即隐含层的节点数等于 2 倍输入层的节点数再加 1,这样隐含层节点数就是 9。在网络其他参数不变时,在 9 附近改变隐节点数,选择一个使训练误差和测试误差最低的隐节点数,通过反复实验最终确定隐节点数为 9。

(b)BP 神经网络训练测试

为防止输入信号过大而使神经元输出饱和,继而使权值调整进入误差曲面的平坦区,所以首先要对输入信号进行预处理。本章采用公式(3-17)对输入信号进行预处理,将输入信号的值变换在[0.1,0.9]之间。

$$x_i' = \frac{0.8(x_{i\max} - x_i)}{x_{i\max} - x_{i\min}} + 0.1(i=1,2,3,4) \tag{3-17}$$

公式(3-17)中 $x_{i\max}$,$x_{i\min}$ 分别表示控制因子的最大值和最小值。

输出层的输出信号则通过(3-18)式转化为神经网络的输出 $\hat{y}_{bp}$

$$\hat{y}_{bp} = y_{\max} - \frac{(y' - 0.1)(y_{\max} - y_{\min})}{0.8} \tag{3-18}$$

公式(3-18)中,$y_{\max}$,$y_{\min}$ 分别表示综合性能值的最大值和最小值。

标准 BP 算法中误差曲面上有些区域比较平坦,在这些区域中,误差梯度变化很小,即使权值调整量很大,误差仍然下降缓慢。如果采用标准 BP 算法训练(对应的训练函数为 traingd),梯度数值有可能会很小,这样每一次迭代权值和偏差的该变量会很小,尽管它们距最优值还有很远的距离。因此出现了很多改进的 BP 算法,经过反复实验本章最后采用带有弹性的 BP 训练算法(对应的训练函数为 trainrp)。在这种算法下,只通过偏微分函数的符号决定权值的变化方向,而忽略偏微分数值的大小;权值的变化量则由一个独自更新的数值来决定。如果连续两次迭代中误差性能函数对某一权值的偏导数正负号相同,则权值更新值会增大;而如果连续两次迭代中误差性能函数负号对某一权值的偏导数正负号相反,则权值的更新值会减小[180]。隐含层传递函数为 Sigmoid 函数(在 Matlab 中对应为 logsig),输出层的传递函数为线性函数(在 Matlab 中对应为 purelin)。在 17 组数据中,12 组数据(1,2,4,5,7,8,10,11,13,14,16,17)作为训练数据,其他 5 组数据作为测试数据。经过反规范化后的综合性能值 $\hat{y}_{bp}$ 列于表 3-4 的第 5 列中。

图 3-16 列出了实际值和神经网络拟合值之间的散点图,它们之间的相关系数为 $R^2=0.9759$,平均绝对误差 $AARE=4.20$。图 3-17 列出了响应面拟合值和神经网络拟合值之间的散点图,它们之间的相关系数为 $R^2=0.9627$,说明两者之间具有很强的相关性。

实际值、响应面拟合值和BP神经网络拟合值之间的关系形象地展示在图3-18中。从表3-4和图3-18中可以看出，响应面拟合值的误差限制在10%以内，而神经网络拟合值的误差变化很大，训练数据拟合值误差很小，但测试数据的拟合值误差很大，最大的测试数据拟合误差值达到15.3%，文献[181]也出现最大拟合值误差为14.72%的情况。出现测试数据的拟合误差大的原因主要有2个：一是测试误差使得样本输入值与真实值的差异，这实际上使得训练数据中含有噪声信号；二是较少的训练数据，根据文献[176-177]，为了达到较好的训练效果，训练数据应该达到网络连接权值总数的5～10倍，本章设计的神经网络连接权值总数为45，所以为了概括和体现训练集中的样本规律，训练数据的总数要达到300，而实际上在实验中要获得这么多样本，由于时间和经济上的限制，又很难做到。因此在样本数量有限的情况下，采用响应面的拟合精度并不比神经网络拟合值差，甚至有可能比神经网络拟合值更好。

3.5.3　参数优化

(1) 罚函数构造

为方便令 $\boldsymbol{x}=[x_1,x_2,x_3,x_4]$，最优的工艺参数值应使在工艺参数允许的范围内让 $\hat{y}_{rsm}(x)$ 取得最大值，也即 $-\hat{y}_{rsm}(\boldsymbol{x})$ 取得最小值，即应该求解模型(3-19)。

$$\min -\hat{y}_{rsm}(\boldsymbol{x})$$

$$\begin{aligned} s.t.\ & g_1(x_1)=0.17-x_1\leqslant 0;\quad g_2(x_1)=x_1-0.25\leqslant 0;g_3(x_2)=20-x_2\leqslant 0;\\ & g_4(x_2)=x_2-30\leqslant 0\quad g_5(x_3)=20-x_3\leqslant 0;g_6(x_3)=x_3-40\leqslant 0\\ & g_7(x_4)=0.15-x_4\leqslant 0;g_8(x_4)=x_4-0.3\leqslant 0 \end{aligned}\tag{3-19}$$

由于传统的优化方法都是单点搜索，这种点对点的搜索方法，对于多峰分布的搜索空间常常会陷于局部某个单峰的极值点。相反，遗传算法采用的是同时处理群体中多个个体的方法，即同时对搜索空间中多个解进行评估，这一特点使遗传算法具有很较好的全局搜索性能。即使在所定义的适应度函数是不连续的、非规则的或有噪声的情况下，也能以很大的概率找到全局最优解[182]。在使用遗传算法时必须对约束条件进行处理，但目前尚无处理各种约束条件的一般方法，根据具体问题可选择下列三种方法，即搜索空间限定法、可行解变换法和罚函数法[182]。本专著采用罚函数对约束条件进行处理。罚函数的基本思想是将约束优化问题中的不等式或等式约束函数经过加权转化后，与原目标函数结合形成一个新的目标函数，即罚函数。约束罚函数法分为内点罚函数法、外点罚函数法和混合罚函数法，外点罚函数法即可处理不等式约束，也可处理等式约束[183]。本专著采用外点罚函数法构造如下外点罚函数。

$$\eta(\boldsymbol{x}) = -\hat{y}_{rsm}(\boldsymbol{x}) + M\sum_{i=1}^{8}\{\max[0, g_i(\boldsymbol{x})]\}^2 \tag{3-20}$$

M 为惩罚因子，在采用梯度下降法寻优过程中，惩罚因子是由小逐渐到大逐渐趋近于 ∞，利用遗传算法求解时，可直接给其赋予一个很大的值，例如 $M=10^{10}$。由惩罚项的形式可知，当迭代点 x 不处于可行域时，惩罚项的值就很大，罚函数 $\eta(x)$ 不可能取得最小值；只有当迭代点 x 处于可行域时，惩罚项的值等于零，此时罚函数才可能到达最小值，并且此最小值就是 $-\hat{y}_{rsm}(x)$ 的最小值，因为在可行域内惩罚项 $M\sum_{i=1}^{8}\{\max[0, g_i(x)]\}^2=0$。

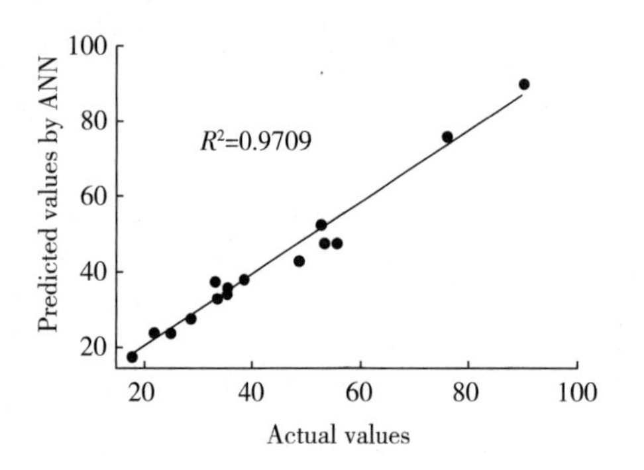

图 3-16　ANN 预测值和实际值的关系

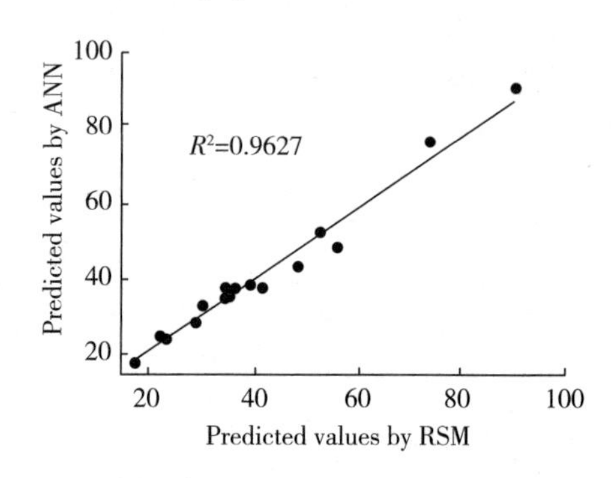

图 3-17　ANN 预测值和 RSM 预测值的关系

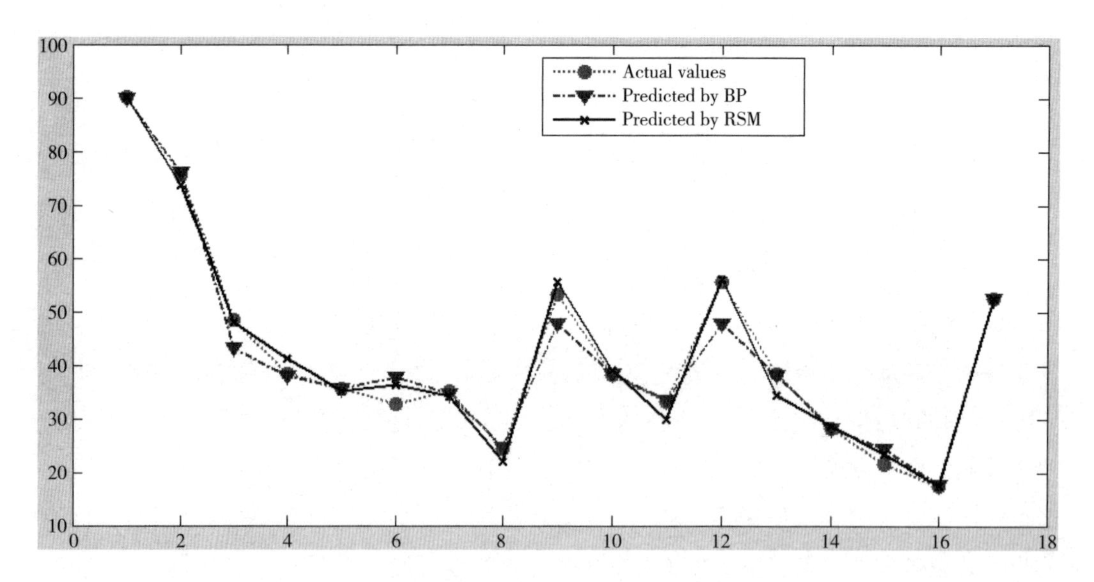

图 3-18　实际值、RSM、BP 拟合三者之间比较示意图

(2) 利用遗传算法工具箱求解

使用遗传算法工具箱求解优化问题，关键是理解遗传算法参数及根据实际问题经过反复调试最终确定遗传算法参数，如果参数选择不合适，则可能得到不可思议的解。遗传算法参数的含义及最终确定值如表 3-7 所示[182]，流程框图如图 3-19 所示，寻优迭代

过程如图 3-20 所示，最终在工艺参数 $x_1=0.1702\text{mm}$，$x_2=22.4908\text{mm/s}$，$x_3=23.896\text{mm/s}$，$x_4=0.2875\text{mm}$ 得到 $\eta(\boldsymbol{x})$ 的最小值 $\eta(\boldsymbol{x})=132.2583$，也即 $\hat{y}_{rsm}(\boldsymbol{x})$ 得到最大值 132.2583。

表 3-7　遗传算法工具箱参数含义及设置

参数	子参数	说明	设置
种群	种群类型	由个体组成的一个数组或矩阵就叫种群，种群的类型就是编码方法，主要有二进制编码方法、真值编码方法和多参数级联编码等	真值编码方式，即双精度向量(double vector)
	种群尺度	在每一代中个体的个数，使用大的种群尺度，遗传算法搜索空间能更加彻底，同时减少返回局部最小值而不是全局最小值的机会，然而使用大的种群尺度，会使遗传算法运行更慢	20
	创建函数	为遗传算法创建初始种群的函数	Uniform
	范围	初始种群向量范围，使用一个两行、列为参数个数的矩阵设置，每一列表示一个参数的上界和下界	$\begin{bmatrix} 0 & 10 & 10 & 0 \\ 1 & 40 & 60 & 1 \end{bmatrix}$
适应度比例参数		把适应度函数返回值转换为适合选择函数范围的值。主要有 Rank、Proportional、Shift linear、Custom 等。Rank 函数根据个体适应度值得排列顺序而不是根据个体适应度值的大小来衡量个体的优劣。个体的排列是按个体的适应度值排序的。最适应个体的排序为 1，次最适应个体的排序为 2，依次类推。Rank 函数按适应度比例进行排序，从而消除了原始适应度值的影响	Rank
再生参数	优良个体	在当前代中具有最佳适应度值的个体，这些个体直接存活到下一代	2
	交叉比例	不同于原种群部分的下一代种群中有多大的比例是交叉产生的	0.8
	交叉函数	如何组成两个个体或双亲，为下一代形成一个交叉的子个体。主要有 Scattered、Single point、Two point、Intermediate 等函数	Scattered
变异参数	变异函数	怎样通过小的随机数改变种群中个体而创建变异子辈，变异操作的作用是保持基因的多样性，提高了算法搜索空间的广泛性。主要有高斯函数、均匀函数等	高斯变异函数
	变异比例	不同于原种群部分的下一代种群中有多大的比例是变异产生的	等于 1 减去交叉比例
停止条件		停止条件决定什么情况下算法终止	设置最大重复执行次数为 100

3.6 实验验证及结果讨论 (Confirmation Tests and Discussions)

为了检验所获得结论的正确性，在其他条件完全相同的情况下，利用遗传算法得到的最优参数在 MEM－300 快速成型机加工制作与前面实验相同的零件，制作三次，分别测量出考察指标值，然后取其平均值列于表 3-8 中。为了便于比较，表 3-8 中列出了实验序号 1 的考察指标值，因为实验序号 1 是在所有实验中综合性能最好的实验。从表 3-8 中可以看出，尺寸误差从 2.02μm 降低到 1.62μm，降低了 19.8%，翘曲变形从 5.24μm 降低到 5.08μm，降低了 3.05%，然后加工时间从 25.11 分钟增长到 26.38 分钟，增长了 5.06%。总体上看，综合性能是提高了。由于层厚较大、填充速度较低，翘曲变形较小是合理的，这与文献[184] 利用数学模型得出的结论是一致的。在加工方向和网格间距固定的情况下，加工时间主要取决于层厚和扫描速度，虽然得出的最优工艺参数中层厚较大，但是由于扫描速度很低，所以加工时间有所延长也是合理的。如前所述，在层厚较大的情况下如果扫描速度大的话，则很容易出现拉丝的现象（如图 3-21 所示），所以得出的最优工艺参数中扫描速度较低也是合理的。

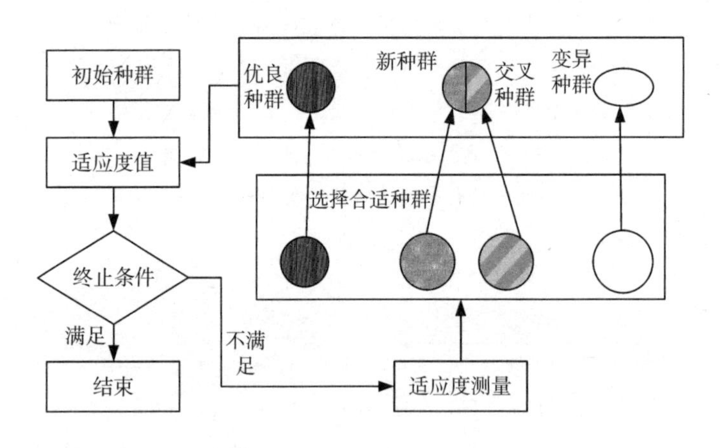

图 3-19　遗传算法流程框图

表 3-8　验证实验和实验 1 的实验结果比较

	控制因子				考察指标		
	x_1(mm)	x_2(mm/s)	x_3(mm/s)	x_4(mm)	$z_1:DA$(μm)	$z_2:WD$(μm)	$z_3:BT$(min)
实验 1	0.1700	25.620	36.25	0.2816	2.02	5.24	25.11
验证实验	0.1702	22.4908	23.896	0.2875	1.62	5.08	26.38

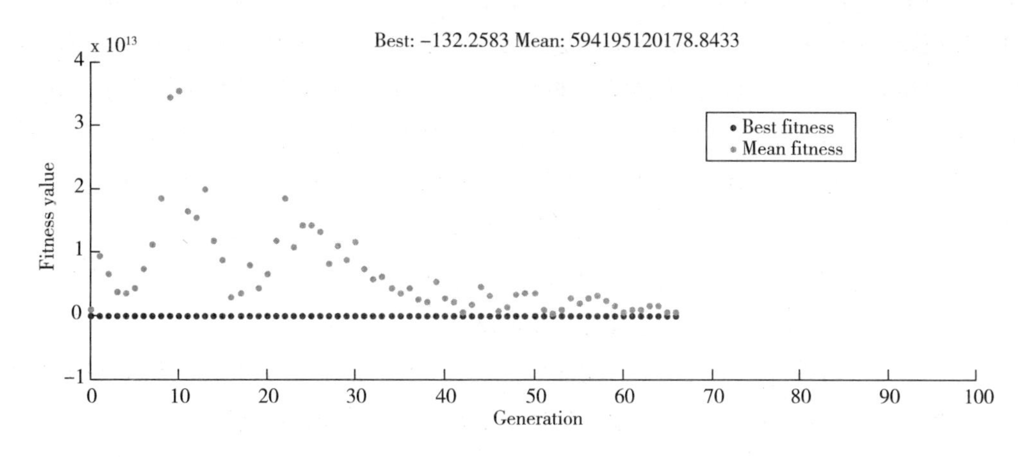

图 3-20　遗传算法寻优迭代过程

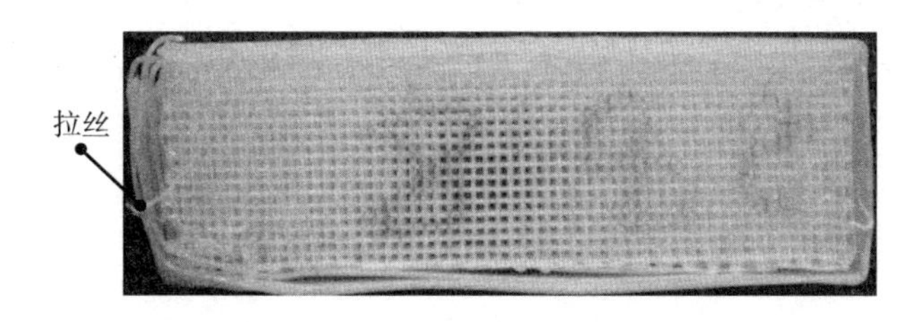

图 3-21　缺陷示意图

3.7　本章总结（Summary）

（1）通过实验研究了 FDM 主要工艺参数对成型过程和制件精度的影响，并利用均匀实验设计、响应面、模糊推理和遗传算法得到了为了获得最佳综合性能的熔融堆积成型最佳工艺参数：线宽补偿值为 0.1702mm，挤出速度为 22.4908mm/s，填充速度为 23.896 mm/s，分层厚度为 0.2875mm。

（2）本章获得的最佳工艺参数并不局限于选定的实验水平点上，而能在可行域内任何一点寻找最佳工艺参数，所以本章的研究是对作者先前在文献[41,97,99]研究的进一步深化。

（3）把一个多目标优化问题通过模糊推理转化为单目标优化问题。相比于常见的其他方法，例如满意度法、线性加权方法，模糊推理具有以下几个优点：(a) 不用确定各单独性能指标之间的权重，权重的确定具有很大的随意性；(b) 不用对各单独指标的性能值进行区间值化处理，以消除不同量纲的影响，在进行区间值化处理的过程中不可避免带来信息的丢失或扭曲；(c) 计算过程简单，在 Matlab 中有现成的模糊推理系统设计与仿真界面。当然模糊推理应用中存在一个主要问题是模糊规则会随着输入变量和模糊子集的增加而导致指数级增长,过多的规则不仅使模型复杂,计算时间过长,而且对提高精度不一定有显著的作用。因此如何在保证模糊推理精度的前提下尽可能减少模糊规则数,是应用中一个重要问题。另外模糊规则取决于专家的知识和经验,如果专家的知识和经验不足,则模糊规则有可能不尽合理,则模糊推理结果也可能不尽合理。下一步的一个研究方向是利用自适应神经模糊系统(Adaptive Neuro-Fuzzy Inference Systems, ANFIS)建立模糊规则,自适应神经模糊系统是把神经网络理论和模糊推理系统结合在一起,通过对大量已知数据的学习、联想、推理建立起模糊规则。

(4)必须指出的是这里的最佳工艺参数仅仅是针对本章提出的考察指标、加工的零件而确定的,而在实际工作实践中考察指标可能还要考虑强度、表面粗糙度等等因素,加工的零件也不是一个简单的长方体而可能是一个更为复杂的零件。所以本章得出的最佳工艺参数不一定是实际造型中的最佳工艺参数,但本专著的研究不仅对快速成型中合理选择工艺参数具有一定的指导意义,而且其基本思想对任何机械制造过程中工艺参数的优化都适用。

4　基于模糊 Choquet 积分的敏捷供应链合作伙伴初选群决策

4.1　引言(Introduction)

机械制造过程中材料的合理选择、工艺参数优化仅仅是从一个企业内部而言研究如何提高产品质量,最大限度满足客户需求。全球化市场的加速形成、世界范围的产业结构调整、能源和环境约束的加剧,使制造业面临前所未有的挑战和压力,例如,竞争全球化、产品生命周期缩短、交货期成为主要竞争因素、客户需求多样化和个性化等。这时仅从一个企业内部调技术、管理上的创新,虽可带来一定的效益,但仍难以应对当前制造业面临的挑战和压力。另一方面信息技术的蓬勃发展对制造业产生了巨大的影响,出现了一系列新的制造和管理模式,例如,敏捷制造、虚拟制造、供应链等等[185]。在这种情况下,研究者逐渐从单个企业研究转向扩展企业研究,企业只将生产经营活动集中在自己的核心业务上,而将其他活动交给其他企业处理,即将资源的利用延伸到企业以外的其他地方,借助于其他企业资源达到应对竞争的需求。敏捷供应链正是在这种背景下产生的一种现代生产管理技术。

敏捷供应链区别于传统供应链的最主要特点是可以随机遇的改变而动态重构[186],如图 4 - 1 所示,不同类型的企业用不同的几何形状表示,例如五边形表示制造企业,围绕某次机遇,多个不同类型的企业动态组成敏捷供应链,作为一个整体向最终客户提供产品或服务。然而这种组合是不稳定的,当新的机遇来临,构成敏捷供应链的成员在性质、数量等方面都有可能发改变,如零件制造企业由 M_1 转变为 M_2。敏捷供应链的组建主要包括目标的确定、合作伙伴的初选、合作伙伴的精选及最优订货量的确定、实施运行和动态反馈等几个步骤。本章主要研究合作伙伴的初选,第五章主要研究合作伙伴的精选及最优任务的分配。

合作伙伴选择是一个模糊多属性决策问题,即在考虑多个属性的基础上给出待选方案的一个排序。合作伙伴选择过程中要考虑的因素很多,例如图 4 - 2 描述和总结了一些相互关联的,对伙伴选择决策的复杂性和重要性产生严重影响的因素[187]。当然在实际

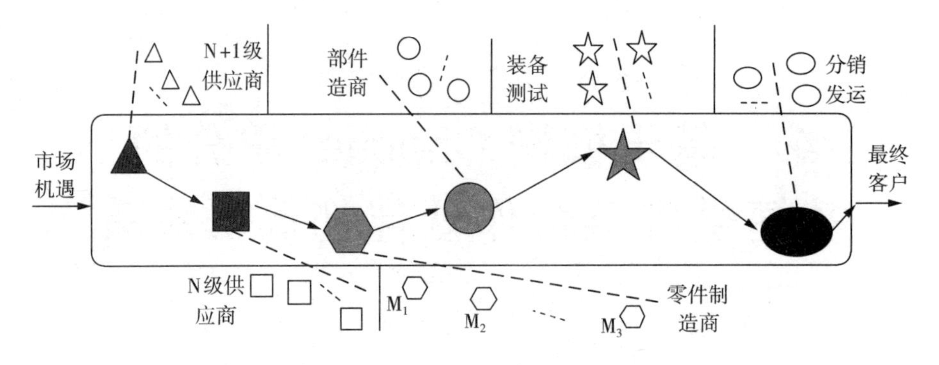

图 4-1 敏捷供应链动态重构

决策中根据决策背景、目的，由决策者选择适当的评价因素。大部分文献都是决策者直接给出评价因素，并没有说明为什么选择这个属性而不选择另外一个属性。文献[188]提出了一个评价指标体系确定的模型：考虑目标行业特征的基础上，从一般评价指标体系中抽取目标行业的评价指标体系，再以资源限制等为约束条件，以总信任度最大为目标函数确定最优指标体系。中外关于合作伙伴选择的文献很多，国际期刊《Expert Systems with Applications》、《International Journal of Production Economics》和《International Journal of Advanced Manufacturing Technology》中有很多关于合作伙伴决策方面的论文，这些文章基本上可以分为两类[124]：一类是不考虑属性之间的关联，认为属性之间是独立的；另一类是考虑了属性之间的关联。实际上基于关联的多属性决策理论更科学，不考虑关联的多属性决策理论对实际问题的描述过于理想，例如，能以最低价格提供原材料的企业，也许其产品质量和售后服务并不是最好。文献[189-190]是采用网络分析法进行合作伙伴的选择，但网络分析法只能解决属性间只存在可消除关联多属性决策问题，如果属性间存在不可消除的关联问题，则网络分析法无法解决此类问题，并且采用网络分析法决策者需要构造很多个判断矩阵，极大地增加了决策者的负担。对于属性间存在不可消除关联问题的多属性决策问题，模糊测度和模糊积分理论是解决此类问题的一种很好的工具。现有很多文献[191-192]是在假设模糊测度已知的条件下直接利用模糊积分进行计算，实际上模糊测度确定得准确与否直接决定了模糊积分的准确性。也有一些文献[193-194]是利用λ模糊测度的方法确定模糊测度。λ模糊测度虽然可以降低确定模糊测度的难度，但确定出的模糊测度只能表示各因素之间的一类交互作用，即要么全部存在正的交互作用，要么全部存在负的交互作用，减弱了模糊测度的表达能力，并且不符合现实情形。文献[195]利用考虑了属性之间的关联性，采用网络分析法(ANP)确定权重，采用λ模糊测度确定属性及属性集的模糊测度，然后利用Choquet积分集结各属性值。该文献采用网络分析法确定权重，已考虑了属性之间的关联性，利用Choquet积分集结各属性值也是考虑了属性之间的关联，这种重复考虑属性之间的关联的方法反而可能影响了决策的可靠性、准确性。为了更合理、准确地体现属性之间的关联性，应该采用其他模糊测度确定方法。本章推导出一般模糊测度Marichal熵在2－可加模糊测度下的表达式，该表达式更加简洁，方便使用，然后利用最大熵原则确定模糊测度。

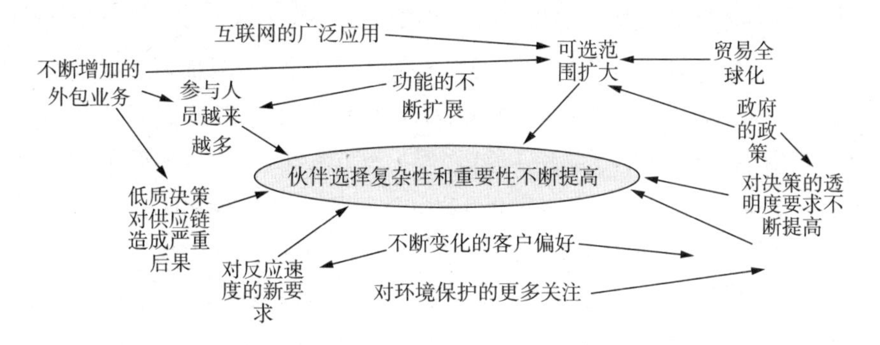

图4－2　伙伴选择复杂性和重要性不断提高的影响因素分析

由于本章重点研究的是面临一项新任务下的决策，而不是修正后再次决策或直接再次决策，所以决策信息的获取比较困难。因此本章采用群决策的方式。群决策的优越性主要体现在两个方面：其一是通过决策者之间的相互交流与启发，往往会产生新的更好的备选方案；其二是通过集思广益能有效避免个体决策者的偏见，从而提高决策质量。群决策过程中，不同的决策者对同一个定性属性会给出不同的偏好信息，有的是不同粒度的模糊语言，有的是序关系值等，因此是一个混合多属性决策问题。本章研究如何将不同粒度的模糊语言一致化为标准语言评价集的模糊语言，进一步研究如何将其他偏好信息（例如精确值、区间数等）转化为标准语言评价集中的模糊语言。

现有的文献[196]大部分都是直接利用Choquet积分集结各属性值得到各候选方案的综合属性值。Choquet积分实际上是考虑了属性之间关联后的线性加权方法拓展，如果属性之间相互独立则Choquet积分就是线性加权方法，而线性加权方法的一个主要缺点是存在决策补偿效应，即对一个指标的高评分能弥补对另一个指标的低评分。本章拟将混合加权几何平均算子（Hybrid Weighted Geometric Averaging Operator，HWGA）进行拓展：一是由精确值信息拓展到模糊语言信息，二是由属性独立拓展到属性关联。另外本章在分析位置权重的物理含义及各种位置权重确定方法的基础上提出了一种基于正态的位置权重确定方法。最后将本章的方法应用于合作伙伴初选的群决策之中。

4.2　供应链参数的模糊不确定性 (Fuzzy Uncertainties in the Parameters of ASC)

所谓供应链不确定性，是指供应链构建和运作主体的决策者面临供应链网络各种内生和外生的直接或间接影响，无法准确地对供应链网络中的一些对象和要素加以观察、分析、预见或决策。这种不确定性可能是供应的不确定性、制造的不确定性或者需求的不确定性，并且这种不确定性是可以传递的，如供应的不确定性引起制造的不确定性。供应链参数的模糊不确定性描述有以下3种情况：

(1) 预测性参数。有些参数由于条件限制无法精确测定，只能由决策者主观判断或估算。例如某产品的市场需求量在1000到1200件左右，不可能高于2000件也不能低于600件，即市场需求量出现在1000到1200之间出现的可能性最大，出现在1000到600之间的可能性逐渐减小，出现在1200到2000之间的可能性也是逐渐减小，这时产品需求量(Demand)就可表示为一个梯形模糊数，记为 $\widetilde{Dem}=(600,1000,1200,2000)$。

(2) 协商性参数。有些参数是通过上下游企业间协商确定的。例如产品的价格，对上游企业卖主来说期望价格越高越好，绝对不能低于30元，如高于50元则100%满意；对下游企业买主来说期望价格越低越好，如绝对不能高于40元，如低于25元则100%满意。协商过程示意图如图4-3所示，可计算出 B 点的横坐标值为35.7143，则产品的价格(Price)可记为 $\widetilde{Pr}=(30,35.7143,40)$。

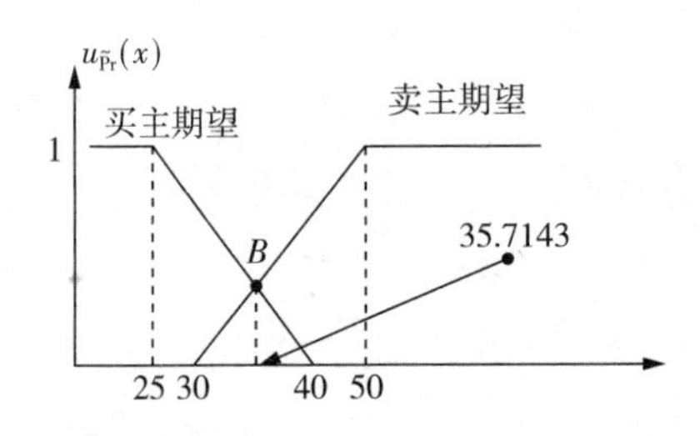

图4-3　协商价格示意图

(3) 非量化参数。在供应链伙伴企业的行为中，伙伴企业的合作态度，信任程度、声誉、研发能力等属于定性属性，无法用具体的数值变量来表示，只能用语义变量来表达，即以自然语言中的词组来表示。在定义语义变量之前先要确定语义评价集的粒度(语义评价集中包含语义的个数)，例如一个7粒度语言评价集，很低(s_0)、低(s_1)、稍低(s_2)、中等(s_3)、稍高(s_4)、高(s_5)和很高(s_6)；一个5粒度语言评价集，很低、较低、中等、较高和很高。在决策过程中非标准语言评价集首先要转化为标准语言评价集中的语义。

4.3　语言评价值(Fuzzy Linguistic Representations)

对定性属性进行评价时，用自然语言进行评价一般更符合决策者的思维习惯，例如在评价两个企业间的信任程度时，决策者往往习惯用“很好”“较好”“一般”“较差”“很差”等表达。一个语言评价集 $\boldsymbol{S}=\{s_0,s_1,\cdots,s_H\}$ 的应该具有以下性质[197]：

(a) H 为偶数，$H+1$ 为语言评价集中语言短语的个数，即语言评价集的粒度。

(b) 有序性，当 $i \geqslant j$，有 $s_i \geqslant s_j$，符号“$\geqslant$”表是好于或等于。

(c) 存在逆运算“Neg”，当 $Neg(s_i) = s_j$，$j = H - i$。

(d) 极大化算子和极小化算子，当 $s_i \geqslant s_j$，有 $\max\{s_i, s_j\} = s_i$，$\min\{s_i, s_j\} = s_j$。

4.3.1　处理语言评价值的几种常见计算模型

4.3.1.1　基于扩展原理的计算模型

该方法主要通过语言评价集相应的语义(即隶属函数)进行计算，决策者可根据自己的偏好任意确定隶属度函数。本章为了节省篇幅及表达方便，对一个语言评价集 $\boldsymbol{S} = \{s_0, s_1, \cdots, s_H\}$，语言评价值 s_i 的语义对应的三角模糊数公式 4 - 1[198]。

$$u_{s_i} = (s_i^l, s_i^m, s_i^u) = (\max(\frac{i-1}{H}, 0), \frac{i}{H}, \min(\frac{i+1}{H}, 1)) \tag{4 - 1}$$

基于扩展原理的计算方法是首先给出每个模糊语言的对应的隶属度函数，采用一定的集结算子集结隶属度函数，然后采用一定的近似方法找出集结后隶属度函数对应的模糊语言。例如，采用算数加权平均算子对隶属度函数集结得到集结后隶属度函数 $u_{s_b} = (s_b^l, s_b^m, s_b^u)$，利用公式(4 - 2) 计算 u_{s_b} 与各隶属度函数之间的距离

$$d(u_{s_b}, u_{s_i}) = \sqrt{\frac{(s_b^l - s_i^l)^2 + (s_b^m - s_i^m)^2 + (s_b^u - s_i^u)^2}{3}} \tag{4 - 2}$$

把距离最近的隶属度对应的模糊语言作为 s_b 对应的模糊语言。

4.3.1.2　基于有序语言的计算模型

基于有序语言计算模型如公式(4 - 3) 所示

$$S^n \xrightarrow[operators]{Aggregation} [0, H] \xrightarrow{app(\cdot)} \{0, 1, \cdots, H\} \rightarrow S \tag{4 - 3}$$

首先采用一定的集成算子把 n 个语言评价值集成为$[0, H]$之间的一个数值，然后近似为 $\{0, \cdots, H\}$ 之间的一个整数，把以这个整数为下标对应的模糊语言作为集成后的模糊语言值。例如文献[30] 给出的有序语言加权平均(LOWA) 算子就是一种基于有序语言的计算模型，假设$(b_1, b_2, \cdots, b_n)$ 为待加权的语言符号，则其定义为：

$$LOWA(b_1, b_2, \cdots b_n) = \boldsymbol{\omega} \cdot \boldsymbol{\rho}^T = c^n\ \{\omega_k, \rho_k, k = 1, 2, \cdots, n\} = \omega_1 \otimes \rho_1 \oplus (1 - \omega_1) c^{n-1}$$
$$\{\gamma_h, \rho_h, h = 2, \cdots, n\}$$

其中 $\boldsymbol{\omega} = (\omega_1, \omega_2, \cdots, \omega_n)$ 是权重向量，满足

$$\sum_{i=1}^{n} \omega_i = 1, \gamma_h = \frac{\omega_h}{\sum_{k=2}^{n} \omega_k}, h = 2, 3, \cdots, n$$

$\rho=(\rho_1,\rho_2,\cdots,\rho_n)$ 是向量$(b_1,b_2,\cdots,b_n)$从大到小的一个排序，即 ρ_j 是$(b_1,b_2,\cdots,b_n)$向量中第 j 大元素。c^n 为 n 个语言标号的凸组合(Convex Combination)。假设 $n=2$，则

$$c^2\{\omega_i,b_i,i=1,2\}=\omega_1\otimes s_j\oplus(1-\omega_1)\otimes s_i=s_k,s_j,s_i\in \boldsymbol{S},j\geqslant i$$

$$k=\min\{H,i+round(\omega_1\cdot(j-i))\}$$

“round”是通常的四舍五入运算，$\rho_1=s_j$，　$\rho_2=s_i$。

基于扩展原理的计算模型首先要为每个语言评价值定义一个隶属度函数，而事实上隶属度函数在实践中并不是总能获得(公式(4-1)只是一个一般性计算公式，不同的决策者对同一语义可能有不同的理解从而给出不同的隶属度函数)，采用一定的算子集结后的隶属度函数很难和事先定义好的隶属度函数相吻合，实践中经常是取和集结后隶属度函数距离最近的隶属度函数作为集结后隶属度函数的近似，不可避免地带来信息的损失和扭曲。对于有序语言计算模型，由于事先定义的语言评价集是离散的，语言信息经运算后，很难精确对应初始的语言评价信息，通常需要找出一个最贴近的语言短语进行近似，因此也会带来信息的丢失。

4.3.1.3　基于二元语义的计算模型

关于二元语义的基本概念见论文第二章的定义 2-2、定义 2-3 和定义 2-4。假设(s_k,tr_k)和(s_l,tr_l)为两个二元语义，关于二元语义的比较有如下规定[123]：

(a) 当 $k>l$，则$(s_k,tr_k)>(s_l,tr_l)$。

(b) 当 $k=l$，则若 $tr_k=tr_l$，则$(s_k,tr_k)=(s_l,tr_l)$；若 $tr_k>tr_l$，$(s_k,tr_k)>(s_l,tr_l)$；若 $tr_k<tr_l$，则$(s_k,tr_k)<(s_l,tr_l)$。

基于二元语义的计算模型实质上是利用定义 2-4 将一个二元语义转化为一个相应的数值进行计算。

4.3.1.4　基于术语指标的计算模型

将原来离散的语言标度 $\boldsymbol{S}=\{s_0,s_1,s_2,\cdots,s_H\}$ 拓展为连续语言标度 $\boldsymbol{S}=\{s_i\mid i\in[0,H]\}$，其中，若 $i\in[0,H]$ 且 $i\notin\{0,\cdots,H\}$，则称 s_i 为虚拟术语，且称 i 为虚拟术语指标；若 $i\notin\{0,\cdots,H\}$，则称 s_i 为本原术语，且称 i 为本原术语指标[199]。决策者一般是使用本原术语评价各方案，虚拟术语只有在运算过程中出现。

采用基于二元语义的计算模型和采用基于术语指标的计算模型由于没有采用近似计算过程，所以不会产生信息的丢失，但是基于术语指标的计算模型物理含义不够明确，所以本章对语言评价值的处理方法主要采用二元语义计算模型。

4.3.2　不同粒度语言一致化方法分析

采用粒度高的语言评价集，语言评价值的表达更趋于精确化，但增加了决策者的负

担;采用粒度低的语言评价集,语言评价值得表达更趋于模糊化,但可以减轻了决策者的负担。决策者对不同属性的认识程度不同,不同决策者对同一属性的认识程度也不同。所以不同决策者在决策过程中可能给出的是不同粒度的语言评价集,在信息集结过程中,首先要做的是如何将不同粒度的语言评价集一致化为标准语言评价集。不同粒度语言一致化的方法主要分为两种类型:一种基于术语指标进行计算,另一种是通过模糊语言的隶属度函数进行计算。

4.3.2.1　基于术语指标计算

基于术语指标是指直接根据模糊语言的术语指标计算,而不用给出模糊语言的隶属度函数。文献[200-201] 给出的计算方法本质是相同的,只不过文献[200] 采用的是二元语义模型,而文献[201] 采用的是将本原术语指标拓展为虚拟术语指标的方法计算。

假设标准语言评价集为$\boldsymbol{S}_H=\{s'_k \mid k=0,1,\cdots,H\}$(以下上标"′"表示标准语言评价集中的语言评价值),则任一语言评价集$S=\{s_i \mid i=0,1,\cdots,q\}$中的$(s_i,tr_i)$转化为标准语言评价集的模糊语言为$(s'_i,tr'_i)$,可由公式(4-4)求出。

$$(s'_i,tr')=\tau_{SS_H}(s_i,tr_i)=\Delta(\theta)=\Delta(\frac{H}{q}\Delta^{-1}(s_i,tr_i)) \tag{4-4}$$

为了便于比较分析各种方法的特点,下面举一个例子说明。

例 4-1　假设标准语言评价集为$S_H=\{s'_0,s'_1,s'_2,s'_3,s'_4,s'_5,s'_6\}$,任一语言评价集为$\boldsymbol{S}=\{s_0,s_1,s_2,s_3,s_4\}$,现要将$s_1$转化为标准语言评价集上的语言评价值。利用公式(4-4)的计算方法为$\tau_{SS_H}(s_1)=\Delta(\frac{6}{4}\times 1)=(s'_1,0.5)$或者$(s'_2,-0.5)$,采用文献[201]方法的就算结果为$\tau_{SS_H}(s_1)=s'_{1.5}$。

文献[202] 则根据任何语言评价集的论域都在区间[0,1]之间,然后根据源语言评价集$\boldsymbol{S}=\{s_i \mid i=0,1,\cdots,q\}$任一模糊语言值$s_i$的论域与标准语言评价集$\boldsymbol{S}_H=\{s_k \mid k=0,1,\cdots,H\}$中任一模糊语言值的论域的重叠度的大小,将模糊语言值s_i转化为标准语言评价集中的模糊语言值。该转换方法可由粒度低的语言集向粒度高的语言集转换,也可以由粒度高的语言集向粒度低的语言集转换,但此时要求$q<2H+1$。

基于术语指标的计算方法由于不需要考虑模糊语言对应的隶属度函数,所以计算过程一般比较简单。但是基于术语指标的计算方法要求源语言评价值和目标语言评价值具有相同的隶属度函数类型,且隶属度函数在论域[0,1]区间上均匀对称分布。实际上不同的决策者完全可能,虽然给出相同的模糊语言但具有不同的隶属度函数,或虽然隶属度函数类型相同但在论域[0,1]区间上分布情况不同,例如文献[135] 就给出了隶属度函数不是对称分布的情况。所以基于术语指标的不同粒度语言评价值一致化方法不能充分捕捉决策所提供的信息,存在信息丢失的情况。

4.3.2.2　通过隶属度函数进行计算

通过隶属度函数计算的方法是利用模糊语言的隶属度函数作为工具进行计算。例如文献[203]中提出的方法如下。

假设标准语言评价集为$\boldsymbol{S}_H=\{s'_0,s'_1,\cdots s'_H\}$，则任一语言评价集$S=\{s_0,s_1,\cdots,s_q\}$ ($q\leqslant H$) 转化为标准语言评价集的转换函数定义为τ_{SS_H}

$$\tau_{SS_H}:\boldsymbol{S}\rightarrow F(S_H)$$

$$\tau_{SS_H}(s_i)=\{(s'_k,\gamma_k^i)\mid k\in\{0,1,\cdots,H\}\}\quad\forall s_i\in S \tag{4-5}$$

$$\gamma_k^i=\max_{\forall x}\min\{u_{s_i}(x),u_{s'_k}(x)\}$$

公式(4-5)中$F(S_H)$为模糊语言集S_H中模糊语言的集合，$u_{s_i}(\cdot)$和$u_{s'_k}(\cdot)$分别是为模糊语言s_i和s'_k所定义的隶属度函数，注意(s'_k,γ_k^i)中γ_k^i，不是tr_k，而是表示原语言评价集的语言评价值s_i多大程度上隶属于标准语言评价集中的语言评价值s'_k。然后利用公式(4-6)将$\tau_{SS_H}(s_i)$转化为标准语言评价集中的二元语义值(s'_i,tr'_i)。

$$\chi:F(S_H)\rightarrow[0,H]$$

$$\chi(F(S_H))=\chi(\{(s'_k,\gamma_k^i),k=0,1,\cdots,H\})=\frac{\sum_{k=0}^{H}k\gamma_k^i}{\sum_{k=0}^{H}\gamma_k^i}=\theta \tag{4-6}$$

$$(s'_i,tr'_i)=\Delta(\chi(\tau_{SS_H}(s_i)))=\Delta(\theta)$$

对例4-1采用文献[203]的计算结果为$(s'_i,tr'_i)=\Delta(\chi(\tau_{SS_H}(s_1)))=\Delta(1.5)=(s'_2,-0.5)$。该方法在计算$\gamma_k^1(k=0,1,\cdots,6)$时比较复杂，除根据图4-4可直接得出$\gamma_4^1=\gamma_5^1=\gamma_6^1=0$外，其他$\gamma_0^1$、$\gamma_1^1$、$\gamma_2^1$、$\gamma_3^1$需要解方程才能得出，尤其是当隶属度函数不是直线而是曲线时，则计算过程更为复杂，而且文献[202]还指出采用文献[203]的方法只能由粒度小的语言评价集向粒度大的语言评价集转化，反之则不行。

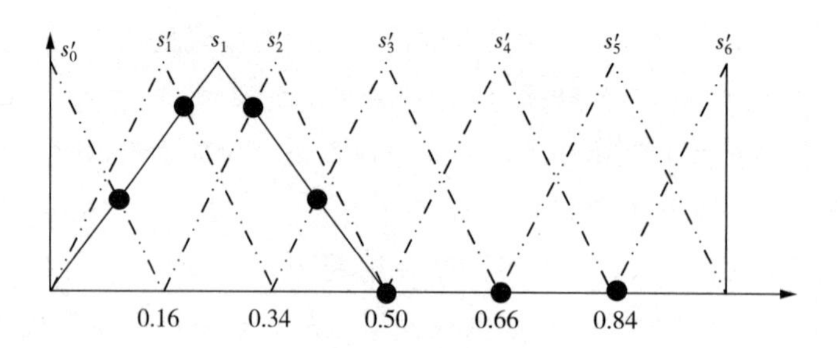

图4-4　不同粒度模糊语言转换示意图

为使计算过程简便化，文献[204]提出了一种计算原语言评价值分别到目标语言评价集中任一语言评价值的距离的方法。对于语言评价集S中任一语言评价值s_i，其隶属度函数对应的三角模糊数为$u_{s_i}=(s_i^l,s_i^m,s_i^u)$，首先公式(4-2)计算$s_i$到标准语言评价集中任一模糊语言评价值得距离 $d_{ik}(\forall s'_k \in S_H)$，则 $\tau_{SS_H}(s_i)=(s'_i, tr'_i)=(s'_h, d_{ih})$，其中 h 由 $d_{ih}=\min(d_{ik} \mid \forall s'_k \in S_H)$ 确定。对例 4－1 采用文献[204] 的计算结果为所以 $\tau_{SS_H}(s_1)=(s'_i, tr'_i)=(s'_1, 0.106)$ 或者 $(s'_2, 0.106)$。

利用文献[204] 得出两个不同的结果，并且这两个不同的结果相差很大，所以文献[204] 方法虽然计算过程简单，但结果最不可靠，存在很多需要改进的地方。因此有必要探讨一种新的不同粒度语言一致化的方法，该方法利用隶属度函数同时计算过程也比较简单。本章提出的方法计算步骤如下：

Step 1 利用公式(3－12) 分别得出原模糊语言评价值隶属度函数的精确值 $\psi(u_{s_i})$ 和目标语言评价集中各模糊语言隶属度函数的精确值 $\psi(u_{s'_k})$ 和 $\psi(u_{s'_{(k+1)}})$。

Step 2 如果 $\psi(u_{s'_k}) \leqslant \psi(u_{s_i}) < (\psi(u_{s'_k})+\psi(u_{s'_{(k+1)}}))/2$，则 (s'_i, tr'_i) 按(4－7) 计算。

$$(s'_i, tr'_i)=(s'_k, \frac{\psi(u_{s_i})-\psi(u_{s'_k})}{\psi(u_{s'_{(k+1)}})-\psi(u_{s'_k})}) \tag{4-7}$$

Step 3 如果 $(\psi(u_{s'_k})+\psi(u_{s'_{(k+1)}}))/2 \leqslant \psi(u_{s_i}) < \psi(u_{s'_{(k+1)}})$，则 (s'_i, tr'_i) 按(4－8) 计算。

$$(s'_i, tr'_i)=(s'_{(k+1)}, \frac{\psi(u_{s_i})-\psi(u_{s'_{(k+1)}})}{\psi(u_{s'_{(k+1)}})-\psi(u_{s'_k})}) \tag{4-8}$$

采用上述方法，例 4－1 的计算结果为 $(s'_i, tr'_i)=(s'_1, 0.5)$。

计算结果和基于术语指标的计算结果以及文献[203] 的计算结果相同，这是因为本章对原语言评价值和目标语言评价值的采用的隶属度函数类型相同并且在论域[0,1] 区间上均匀对称分布。如果对源语言评价值和目标语言评价值采用不同的隶属度函数，则采用基于术语指标的计算结果不受影响，而采用本章提出的方法肯定会相应的改变。对比文献[203] 和本章提出的方法，可以看出本章提出的方法计算过程简便。

4.3.3　其他形式的偏好信息转化为模糊语言

对精确数值、区间数转化为标准语言评价集模糊语言的方法仍采用文献[203] 的方法，因为对于精确值和区间数来说，使用文献[203] 的方法计算过程比较简便。

(1) 精确数值转化为模糊语言

一个实数转化为基本语言术语集的转换函数 τ_{NS_H}，如图 4－5 所示。

$$\tau_{NS_H}:[0,1] \rightarrow F(S_H)$$

$$\tau_{NS_H}(x)=\{(s'_0, \gamma_0^N), \cdots, (s'_i, \gamma_i^N), \cdots, (s'_H, \gamma_H^N)\} s'_i \in S_H \text{ 而且 } \gamma_i^N \in [0,1]$$

$$\gamma_i^N = u_{s_i'}(x) = \begin{cases} 0 \quad if \quad x \notin \text{support}(u_{s_i'}(x)) \\ \dfrac{x - s'^l_i}{s'^m_i - s'^l_i} \quad if \quad s'^l_i \leqslant x \leqslant s'^m_i \\ \dfrac{s'^u_i - x}{s'^u_i - s'^m_i} \quad if \quad s'^m_i < x \leqslant s'^u_i \end{cases} \tag{4-9}$$

然后利用公式(4-6)将一个精确数值转化为二元语义表达。

(2) 区间数转化为模糊语言

区间数(*Interval*)转化为模糊语言的转换函数定义为 τ_{IS_H}，假设区间数为 $\tilde{a} = [a^l, a^u]$。

$$\tau_{\mathrm{IS}_H}: \tilde{a} \rightarrow F(S_H)$$

$$\tau_{\mathrm{IS}_H}(\tilde{a}) = \{(s_k', \gamma_k^N) \mid k \in \{0,1,\cdots,H\}\} \tag{4-10}$$

$$\gamma_k^N = \max_{\forall x} \min\{u_{\tilde{a}}(x), u_{s_k'}(x)\}$$

然后利用公式(4-6)将一个精确数值转化为二元语义表达。

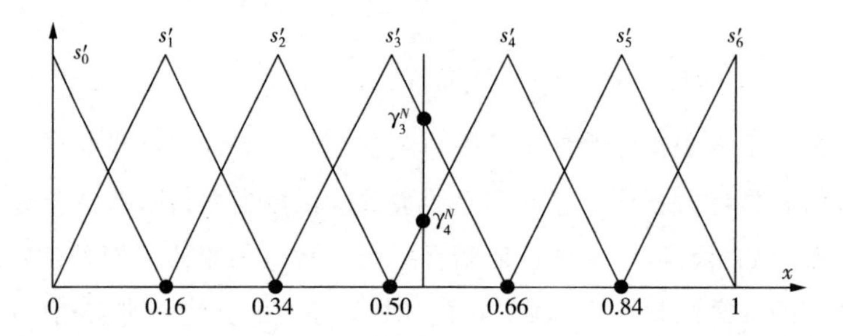

图 4-5　精确值转化为标准语言评价集中模糊语言的计算示意图

(3) 序关系值转化为模糊语言

决策者根据个人偏好直接给出方案集 ***AL*** 中各个方案之间的一个排序$\{\Lambda(1),\Lambda(2),\cdots\Lambda(i),\cdots,\Lambda(m)\}$,其中 $\Lambda(i)$ 表示第 i 个决策方案的位置次序,一般 $\Lambda(i)$ 越小,则第 i 个决策方案越优,m 为方案的总数目。

Step 1:将序关系值利用公式(4-11)转化为实数效用值 b_i^*。

$$b_i^* = \frac{m - \Lambda(i)}{m-1} \tag{4-11}$$

Step 2:当方案比较少时,最优值为 1,最劣质为 0,则在比较时人为地放大了最优值的效用,缩小了最劣值的效用,所以当方案比较少时可采用指数函数对极值化处理得到的结果进行修正,即

$$b_i^{**} = \exp(b_i^* - 1) \tag{4-12}$$

Step 3:下面采用将一个精确数值转化为模糊语言的方法。

4.4　模糊测度和模糊积分 (Fuzzy Measure and Fuzzy Integral)

4.4.1　模糊测度

4.4.1.1　基本概念

传统多准则决策都假设属性之间是相互独立的(Multiple Attribute Decision Making in the Presence of Independence, IMADM),而实际上属性之间往往存在某种关联。基于关联的多属性决策(Multiple Attribute Decision Making in the Presence of Relationships, RMADM)问题是现实中普遍存在的一类决策问题。Sugeno 以约束条件较弱的单调性取代了经典概率中可加性的刚性约束,提出了模糊测度的概念[205]。基于模糊测度的模糊积分作为集成算子的多准则决策方法不仅充分考虑了决策准则的相对权重,而且灵活地描述和处理了决策准则间的任意交互作用。假设决策属性集为 $\boldsymbol{C} = \{c_1, c_2, \cdots, c_j, \cdots, c_n\}$, $P(\boldsymbol{C})$ 为 $\boldsymbol{C}$ 的幂集(Power Set),即属性集中所有子集组成的集合。为书写方便,对于任意 $\{c_i, \cdots, c_k\} \in P(\boldsymbol{C})$,其模糊测度 $\mu(\{c_i, \cdots c_k\})$ 简记为 $\mu(i \cdots k)$, $\mu(T \cup \{c_i, c_j\})$ 简记为 $\mu(Tij)$。

定义 4-1[206]　设 μ 为定义在 $P(C)$ 上的集函数, $\mu: P(\boldsymbol{C}) \to [0,1]$。若 μ 满足以下三条性质:

(a) 有界性: $\mu(\phi)=0, \mu(C)=1$; (b) 单调性:若 $\boldsymbol{B}_1 \subseteq \boldsymbol{B}_2 \subseteq \boldsymbol{C}$,那么 $\mu(\boldsymbol{B}_1) \leqslant \mu(\boldsymbol{B}_2)$; (c) 连续性:若 $\{\boldsymbol{B}_i \subset P(\boldsymbol{C})\}_{i=1}^{\infty}$ 是一递增可测集序列,则 $\mu(\lim\limits_{i \to \infty} B_i) = \lim\limits_{i \to \infty} \mu(B_i)$。

那么称 μ 是 $P(C)$ 上的一个模糊测度。从多准则决策的角度看,对于每一个属性或属性集 $B(B \subseteq C)$ 可以把 $\mu(B)$ 看作是组成集合 $B \subseteq C$ 的一个或多个指标的重要程度。对任意 B_1、$B_2 \in P(C)$ 且 $B_1 \cap B_2 = \phi$,若 $\mu(B_1) + \mu(B_2) < \mu(B_1 \cup B_2)$,说明属性(属性集) B_1、B_2 之间存在互补关联;若 $\mu(B_1) + \mu(B_2) > \mu(B_1 \cup B_2)$,说明属性(属性集) B_1、B_2 之间存在冗余关联;若 $\mu(B_1) + \mu(B_2) = \mu(B_1 \cup B_2)$,说明属性(属性集) B_1、B_2 之间相互独立。

4.4.1.2　模糊测度种类

(1) 一般模糊测度

用一般模糊测度对 C 中的属性和属性集的权重建模,决策者需要确定 $2^n - 2$ 个参数(n 为属性值的个数)。这影响了模糊测度理论在实际决策中的应用。为了提高模糊测度理论解决实际决策问题的可行性，学者们在模糊测度理论的基础上提出了一些特殊类型的模糊测度，如λ模糊测度、k可加模糊测度和2－可加模糊测度等。

(2)λ模糊测度

定义4-2[207]　给定$\lambda \in (-1,\infty)$，$g_\lambda: P(C) \to [0,1]$满足条件：

(i)$g_\lambda(C)=1$；(ii)对任意B_1、$B_2 \in P(C)$且$B_1 \cap B_2 = \phi$，有$g_\lambda(B_1 \cup B_2)=g_\lambda(B_1)+g_\lambda(B_2)+\lambda g_\lambda(B_1)g_\lambda(B_2)$；(iii)$g_\lambda$连续。

则称g_λ为定义在$P(C)$上的λ模糊测度。当$\lambda=0$，说明属性(属性集)之间相互独立；当$-1<\lambda<0$，说明属性(属性集)之间存在冗余关联；当$0<\lambda<\infty$，说明属性(属性集)之间存在补充关联。λ值可利用条件(i)和条件(ii)求出，即：

$$g_\lambda(C)=\sum_{i=1}^{n} g_\lambda(i)+\lambda\sum_{i_1=1}^{n-1}\sum_{i_2=i_1+1}^{n} g_\lambda(i_1)g_\lambda(i_2)+\cdots+\lambda^{n-1}g_\lambda(1)g_\lambda(2)\cdots g_\lambda(n)$$

$$=\frac{1}{\lambda}\left(\prod_{i=1}^{n}(1+\lambda g_\lambda(i))-1\right)=1 \tag{4-13}$$

(3)k－可加模糊测度

定义4-3[122]　若μ为定义在$P(C)$上的模糊测度，对任意$B \in P(C)$，其关联系数$I(B)$定义为

$$I(B)=\sum_{T\subseteq C\backslash B}\frac{(n-|T|-|B|)!\,|T|!}{(n-|B|+1)!}\sum_{R\subseteq B}(-1)^{|B\backslash R|}\mu(T\cup R) \tag{4-14}$$

公式(4-15)中$C\backslash B$表示C与B的余集合，即C中的元素去掉B中元素后剩余的元素，例如$C=\{1,2,3,4\}$，$B=\{2,3\}$，则$C\backslash B=\{1,4\}$，！表示阶乘，$|\cdot|$表示集合的势，即集合中所包含元素的个数。

若B退化为单个元素c_j，则$I(j)$为

$$I(j)=\sum_{T\subseteq C\backslash j}\frac{(n-|T|-1)!\,|T|!}{n!}[\mu(Tj)-\mu(T)] \tag{4-15}$$

$I(j)$是考虑了关联之后属性c_j在决策中的贡献，可以证明$\sum_{j=1}^{n}I(j)=\mu(C)=1$，称为属性的Shapley值。若集合$C$中所有属性相互独立，易证：$I(j)=\mu(j)$。

定义4-3指出了如何计算一个集合B与$P(C)$中任意元素的关联系数。如果忽略任意$c_i(c_i \notin B)$与$c_j(c_j \in B)$间的关联时，集合B中属性间的关联程度称为模糊测度的默比乌斯变换，定义如下：

定义4-4[122]　集函数$m: P(C) \to R$(实数)称，

$$m(B)=\sum_{T\subseteq B}(-1)^{|B|-|T|}\mu(T),\ \forall B \in P(C) \tag{4-16}$$

集合B的默比乌斯表达式。对任意$T \subseteq P(C)$且$|T|>k$，有$m(T)=0$，并且至少存在一

个 T，$|T|=k$，使得 $m(T)\neq 0$，则称 μ 为 k 可加模糊测度。显然当 $k=n$，可加模糊测度就是一般的模糊测度；$k=1$，模糊测度就是经典的可加模糊测度；当 $k=2$，模糊测度就是 2－可加模糊测度，2－可加模糊测度在解决算法的复杂性同时，很好地保证了表述的准确性，且符合决策者的思维习惯，因此在实际中有广泛的应用。表 4－1 表述了三种模糊测度在建模的精确性、需确定参数的数量及应用情况的比较表。

表 4－1　一般模糊测度、λ 模糊测度和 k－可加模糊测度比较

	一般模糊测度	λ 模糊测度	k－可加模糊测度
需确定的参数	2^n-2	n	$C_n^1+C_n^2+\cdots+C_n^k$
建模的精确性	高	低	随着 k 值变化而变化，k 值越大，其精确性越高
应用复杂性	高	低	随着 k 值变化而变化，k 值越大，其应用复杂性越高
使用范围	$n<5$	n 取值不限	随着 k 值变化而变化，介于一般模糊测度与 λ 模糊测度之间
应用文献数量	极少	较多	2－可加模糊测度应用的比较多

为了更好地理解公式(4－14) 和公式(4－16) 的关系，我们举个例子说明。假设一个属性集 $B_1=\{c_1,c_2,c_3,c_4\}$。根据公式(4－14) 可得：

$$I(12)=\frac{1}{3}[\mu(12)-\mu(1)-\mu(2)]+\frac{1}{6}[\mu(123)-\mu(13)-\mu(23)+\mu(3)]+\frac{1}{6}[\mu(124)-\mu(14)-\mu(24)+\mu(4)]+\frac{1}{3}[\mu(1234)-\mu(134)-\mu(234)+\mu(34)]$$

如果只考虑属性 c_1,c_2 之间的关联，不考虑 c_1,c_2 与其他属性的关联，则

$$\mu(123)=\mu(12)+\mu(3),\mu(13)=\mu(1)+\mu(3),\mu(23)=\mu(2)+\mu(3),\mu(124)=\mu(12)+\mu(4),u(14)=u(1)+u(4),\mu(24)=\mu(2)+\mu(4),\mu(1234)=\mu(12)+\mu(3)+\mu(4),\mu(134)=\mu(1)+\mu(3)+\mu(4),\mu(234)=\mu(2)+\mu(3)+\mu(4),\mu(34)=\mu(3)+\mu(4)$$，则

$$I(12)=\frac{1}{3}[\mu(12)-\mu(1)-\mu(2)]+\frac{1}{3}[\mu(12)-\mu(1)-\mu(1)]+\frac{1}{3}[\mu(12)-\mu(1)-\mu(2)]=\mu(12)-\mu(1)-\mu(2)$$

根据公式(4－16) 可得：

$$m(12)=\mu(12)-\mu(1)-\mu(2)$$

所以 $I(12)=m(12)$。

4.4.1.3　默比乌斯表达式与模糊测度及关联系数的关系

根据公式(4-16) 则可将一个集合的模糊测度转化为默比乌斯表达式，反之已知属性

和属性集的默比乌斯变换表达式，利用 Zeta 变换可以得到属性和属性集的模糊测度[122]。

$$\mu(T)=\sum_{B\subseteq T}m(B) \tag{4-17}$$

根据(4-17)可知 $\mu(i)=m(i)$，即对于单个元素其默比乌斯表达式和模糊测度值相等。

已知属性和属性集的默比乌斯表达式，利用公式(4-18)可以得到属性和属性集的关联系数[122]。

$$I(T)=\sum_{k=0}^{n-|T|}\frac{1}{k+1}\sum_{\substack{B\subseteq C\setminus T\\|B|=k}}m(T\cup B) \tag{4-18}$$

对于 2－可加模糊测度，有：

$$\begin{cases}I(i)=m(i)+\dfrac{1}{2}\sum\limits_{j\in N\setminus i}m(ij)\\I(ij)=m(ij)\\I(B)=0\quad 当\ |B|>2\end{cases} \tag{4-19}$$

对上式进行变换可得：

$$m(i)=I(i)-\frac{1}{2}\sum_{j\in C\setminus i}I(ij) \tag{4-20}$$

$$m(ij)=I(ij)$$

$$m(B)=0\quad 当\ |B|>2$$

4.4.1.4　由 2－可加模糊测度值求出其他模糊测度值

对于 2－可加模糊测度由公式(4-17)可知：

$$\mu(B)=\sum_{i\in B}m(i)+\sum_{\{i,j\}\subseteq B}m(ij)$$

由公式(4-20)可知：

$$\sum_{\{i,j\}\subseteq B}m(ij)=\sum_{\{i,j\}\subseteq B}(\mu(ij)-\mu(i)-\mu(j))=\sum_{\{i,j\}\subseteq B}\mu(ij)-(|B|-1)\sum_{i\in B}\mu(i)$$

又因为 $m(i)=\mu(i)$，所以

$$\mu(B)=\sum_{i\in B}\mu(i)+\sum_{\{i,j\}\subseteq B}\mu(ij)-(|B|-1)\sum_{i\in B}\mu(i)=\sum_{\{i,j\}\subseteq B}\mu(ij)-(|B|-2)\sum_{i\in B}\mu(i) \tag{4-21}$$

4.4.2 模糊积分

若用模糊测度对属性和属性集的权重建模，则常用模糊积分代替线性加权方法作为属性间关联的多准则决策问题的集结算子。

定义 4-5[208] μ 是定义在 $P(C)$ 上的模糊测度，函数 $f:C\to R^{+}$ 关于模糊测度 μ 的离散模糊 Choquet 积分定义为：

$$C\mu(f):=\sum_{j=1}^{n}[f(c_{(j)})-f(c_{(j+1)})]\cdot\mu(C_{(j)}) \tag{4-22}$$

式中 (j) 指的是按照 $f(c_{(1)})\geqslant f(c_{(2)})\geqslant\cdots\geqslant f(c_{(n)})$ 进行排序后的下标，令 $C_{(j)}=(c_{(1)},c_{(2)},\cdots,c_{(j)})$，$f(c_{(n+1)})=0$。在多属性决策中，$f(c_j)$ 可以表示指标属性值，而 Choquet 模糊积分可以作为集成算子对各个指标的属性值集成整体评价值。经过转换之后公式 (4-22) 可以写成如下形式

$$C\mu(f):=\sum_{j=1}^{n}[\mu(C_{(j)})-\mu(C_{(j-1)})]f(c_{(j)}) \tag{4-23}$$

上式中 $\mu(C_{(0)})=0$。

由公式(4-23)可得到：

(1) 如果属性之间相互独立，则 Chqouet 模糊积分就是一般的线性加权算子。

因为 $\mu(C_{(j)})=\mu(c_{(1)},c_{(2)},\cdots c_{(j)})=\mu(c_{(j)})+\mu(c_{(1)},c_{(2)},\cdots c_{(j-1)})$

所以 $\mu(C_{(j)})-\mu(C_{(j-1)})=\mu(c_{(j)})$

$$C_{\mu}(f):=\sum_{j=1}^{n}\mu(c_{(j)})f(c_{(j)})$$

又因为

$$\mu(C_{(n)})=\mu(c_{(1)},c_{(2)},\cdots c_{(n)})=\mu(c_{(1)})+\mu(c_{(2)})+\mu(c_{(1)})+\cdots+\mu(c_{(n)})=1$$

即
$$\sum_{j=1}^{n}\mu(c_{(j)})=1$$

所以 Choquet 模糊积分就是一般的线性加权算子。

(2) 如果任意两个属性值($f(c_i)$、$f(c_k)$)) 相同，则不管 i 排在前面还是 k 排在前面对 Choquet 积分值没有影响。

假设 i 排在前面，且三个属性由大到小的排序为 $f(c_{(t)})$、$f(c_{(i)})$、$f(c_{(k)})$，则 Choquet 模糊积分值为

$$\begin{aligned}C_{\mu}(f)(1):=&\cdots+[\mu(C_{(i)})-\mu(C_{(t)})]f(c_{(i)})+[\mu(C_{(k)})-\mu(C_{(i)})]f(c_{(k)})+\cdots\\=&\cdots+\mu(C_{(i)})f(c_{(i)})-\mu(C_{(t)})f(c_{(i)})+\mu(C_{(k)})f(c_{(k)})-\mu(C_{(i)})f(c_{(k)})+\cdots\end{aligned}$$

$$=\cdots-\mu(C_{(t)})f(c_{(i)})+\mu(C_{(k)})f(c_{(k)})+\cdots$$

$$=\cdots+[\mu(C_{(k)})-\mu(C_{(t)})]f(c_{(k)})+\cdots$$

$$=\cdots+[\mu(c_{(1)},c_{(2)},\cdots,c_{(t)},c_{(i)},a_{(k)})-\mu(C_{(t)})]f(c_{(k)})+\cdots$$

假设 k 排在前面，且三个属性由大到小的排序为 $f(c_{(t)})$、$f(c_{(k)})$、$f(c_{(i)})$，则 Choquet 模糊积分值为

$$C_\mu(f)(2):=\cdots+[\mu(C_{(k)})-\mu(C_{(t)})]f(c_{(k)})+[\mu(C_{(i)})-\mu(C_{(k)})]f(c_{(i)})+\cdots$$

$$=\cdots+\mu(C_{(k)})f(c_{(k)})-\mu(C_{(t)})f(c_{(k)})+\mu(C_{(i)})f(c_{(i)})-\mu(C_{(k)})f(c_{(i)})+\cdots$$

$$=\cdots-\mu(C_{(t)})f(c_{(k)})+\mu(C_{(i)})f(c_{(i)})+\cdots$$

$$=\cdots+[\mu(C_{(i)})-\mu(C_{(t)})]f(c_{(k)})+\cdots$$

$$=\cdots+[\mu(c_{(1)},c_{(2)},\cdots,c_{(t)},c_{(k)},c_{(i)})-\mu(C_{(t)})]f(c_{(k)})+\cdots$$

$$=\cdots+[\mu(c_{(1)},c_{(2)},\cdots,c_{(t)},c_{(i)},c_{(k)})-\mu(C_{(t)})]f(c_{(k)})+\cdots$$

(3) 对于 2－可加模糊测度，根据公式(4－17)可知：

$$\mu(C_{(j)})-\mu(C_{(j-1)})=m(c_{(j)})+m(c_{(j)},c_{(j-1)})+\cdots+m(c_{(j)},c_{(1)})$$

为便于计算可将模糊积分公式转化为

$$C\mu(f):=\sum_{j=1}^{n}[\mu(C_{(j)})-\mu(C_{(j-1)})]f(c_{(j)})=\sum_{j=1}^{n}[m(c_{(j)})+\sum_{j_1=1}^{j-1}m(c_{(j)},c_{(j_1)})]f(c_{(j)}) \tag{4-24}$$

4.4.3 基于最大熵原则的 2－可加模糊测度确定方法

4.4.3.1 Marichal 熵的 2－可加模糊测度表达

Marichal 拓展了经典测度的申农熵的概念，提出了模糊测度熵并用它来衡量模糊测度所包含的不确定性或信息量的大小。

定义 4－6[209] 属性集 $C=\{c_1,c_2,\cdots,c_j,\cdots,c_n\}$ 上的模糊测度的 Marichal 定义为

$$H_M(\mu)=\sum_{j=1}^{n}\sum_{B\subseteq C\backslash c_j}\gamma_B(|C|)h[\mu(Bj)-\mu(B)] \tag{4-26}$$

其中 $h(x)=-x\ln x$，$\gamma_B(|C|)=\dfrac{(|C|-|B|-1)!\,|B|!}{|C|!}$，$\forall B\in P(C)$，且 $\sum_{B\subseteq C\backslash c_j}\gamma_B(|C|)=1$。

根据公式(4－17)可知：

$$\mu(Bj)-\mu(B)=\sum_{T\subseteq B\cup j}m(T)-\sum_{T\subseteq B}m(T)=\sum_{T\subseteq B}m(T\cup j)$$

对于2－可加模糊测度有

$$\sum_{T\subseteq B} m(T\cup j)=m(j)+\sum_{i\in B} m(ij)$$

根据公式(4－20)有

$$m(j)+\sum_{i\in B} m(ij)=I(j)-\frac{1}{2}\sum_{i\in C\backslash j} I(ij)+\sum_{i\in B} I(ij)=I(j)-\frac{1}{2}\sum_{i\in C\backslash B} I(ij)+\frac{1}{2}\sum_{i\in B} I(ij) \tag{4-27}$$

公式(4－27)是模糊测度的Marichal熵在2－可加模糊测度情况下的一种简化表达式，相比于公式(4－26)，更加方便使用。

4.4.3.2　基于最大熵原则确定2－可加模糊测度的步骤

Step 1　确定属性的Shapley值

由于属性的Shapley值满足$\sum_{j=1}^{n} I(j)=1$，所以属性的Shapley值相当于是不考虑属性之间关联时的属性权重值ω_j。设$\tilde{\omega}=(\tilde{\omega}_1,\tilde{\omega}_2,\cdots,\tilde{\omega}_n)$是模糊互反判断矩阵$\tilde{O}=(\tilde{o}_{ij})_{n\times n}$的排序向量，其中$\tilde{o}_{ij}=(o_{ij}^l,o_{ij}^m,o_{ij}^u)$，$o_{ij}^l$表示三角模糊数的下界，$o_{ij}^m$表示中值(并不一定为下界和上界的均值)，$o_{ij}^u$表示上界，满足$o_{ij}^l\cdot o_{ji}^u=1,o_{ij}^m\cdot o_{ji}^m=1,o_{ij}^u\cdot o_{ji}^l=1$。如果模糊互反判断矩阵$\tilde{O}=(\tilde{o}_{ij})_{n\times n}$是完全一致性的，则$\tilde{o}_{ij}=\frac{\tilde{\omega}_i}{\tilde{\omega}_j}$。由于决策者在实际决策时所给出的模糊互反判断矩阵往往是不同程度具有非一致性，所以上式一般不成立，为此引入偏差项$\tilde{f}_{ij}$，$\tilde{f}_{ij}=\tilde{o}_{ij}-\frac{\tilde{\omega}_i}{\tilde{\omega}_j}$。理想的权重向量应该是下列目标函数的最优解

$$\min Z=\sum_{i=1}^{n}\sum_{j=1}^{n}\left(\ln\tilde{o}_{ij}-\ln\left(\frac{\tilde{\omega}_i}{\tilde{\omega}_j}\right)\right)^2$$

这种方法称为对数最小二乘法(*LLSM*)[210]，可得权重$\tilde{\omega}_i=(\omega_i^l,\omega_i^m,\omega_i^u)$

$$\omega_i^l=\frac{\left(\prod_{i=1}^{n}\prod_{j=1}^{n} o_{ij}^u\right)^{\frac{1}{n}\frac{1}{n}}\cdot\left(\prod_{j=1}^{n} o_{ij}^l\right)^{\frac{1}{n}}}{\sum_{i=1}^{n}\left(\prod_{j=1}^{n} o_{ij}^u\right)^{\frac{1}{n}}},\omega_i^m=\frac{\left(\prod_{j=1}^{n} o_{ij}^m\right)^{\frac{1}{n}}}{\sum_{i=1}^{n}\left(\prod_{j=1}^{n} o_{ij}^m\right)^{\frac{1}{n}}},\omega_i^u=\frac{\left(\prod_{i=1}^{n}\prod_{j=1}^{n} o_{ij}^l\right)^{\frac{1}{n}\frac{1}{n}}\cdot\left(\prod_{j=1}^{n} o_{ij}^u\right)^{\frac{1}{n}}}{\sum_{i=1}^{n}\left(\prod_{j=1}^{n} o_{ij}^l\right)^{\frac{1}{n}}} \tag{4-28}$$

利用公式(3－12)去模糊化得到精确权重值ω_i。

Step 2　确定两两准则间的交互作用$I(ij)$的取值范围

定义4-7　对$\forall\{i,j\}\in C$，如果$|I(ij)|=t_{ij}\leqslant 2\min\{I(i),I(j)\}/(n-1)$，则可确保2－可加模糊测度的非负性。

对$\forall T\subseteq C,\forall i\in T$，根据公式(4－17)可得$\mu(T)$为

$$\mu(T)=\sum_{B\subseteq T}m(B)=m(i)+\sum_{\{i,j\}\subseteq T}m(ij)=I(i)-\frac{1}{2}\sum_{j\in C\setminus i}I(ij)+\sum_{\{i,j\}\subseteq T}I(ij)$$

$$=I(i)-\frac{1}{2}\sum_{j\in C\setminus T}I(ij)+\frac{1}{2}\sum_{\{i,j\}\subseteq T}I(ij)\geqslant I(i)-\frac{1}{2}\sum_{\{i,j\}\subseteq C}|I(ij)|$$

$$\geqslant I(i)-\frac{1}{2}(n-1)\frac{2I(i)}{n-1}\geqslant 0$$

所以两因素间的交互作用系数必须限制在$[-t_{ij},t_{ij}]$范围之内，决策者首先根据自己对两属性之间的关联关系的主观认识可对区间$[-t_{ij},t_{ij}]$进行划分以显示交互作用的程度，例如可将区间$[-t_{ij},t_{ij}]$划分为5个等份，即$\left[\frac{3}{5}t_{ij},t_{ij}\right]$，$\left[\frac{1}{5}t_{ij},\frac{3}{5}t_{ij}\right]$，$\left[-\frac{1}{5}t_{ij},\frac{1}{5}t_{ij}\right]$，$\left[-\frac{3}{5}t_{ij},-\frac{1}{5}t_{ij},\right]$，$\left[-t_{ij},-\frac{3}{5}t_{ij}\right]$，分别表示存在显著的互补关系、存在互补关系、彼此独立、存在冗余关系、存在显著的冗余关系。

Step 3　利用最大熵原理准确确定交互作用系数，即求解优化模型(4-29)

因为熵值越大，说明属性值信息利用得越充分，为了充分地利用属性值信息，在确定$I(ij)$时，应该使熵值在满足其他约束条件的前提下尽可能的大，所以通过求解下面的优化模型确定$I(ij)$值。

$$\max H_M(\mu)=\sum_{j=1}^{n}\sum_{B\subseteq C\setminus c_j}\gamma_B(|C|)h[I(j)-\frac{1}{2}\sum_{i\in C\setminus B}I(ij)+\frac{1}{2}\sum_{i\in B}I(ij)] \quad (4-29)$$

$$s.t.\begin{cases}I(ij)\in[-t_{ij},t_{ij}]\\ I(j)=\omega_j\\ i,j=1,2,\cdots,n \text{ 且 } i\neq j\end{cases}$$

4.5　基于Choquet积分的二元语义集结算子 (Aggregation Operators Based on Choquet Integral for 2-Tuple Linguistic Representation)

定义4-8[211]　设$\{(s_1,tr_1),(s_2,tr_2),\cdots,(s_n,tr_n)\}$为一组二元语义信息，且设数据自身的权重为$\omega=(\omega_1,\omega_2,\cdots,\omega_n)$，$\omega_j\in[0,1]$且$\sum_{j=1}^{n}\omega_j=1$，则扩展的二元语义加权几何平均(ET-WGA)算子(Operator,op)op_1定义为

$$(s_k,tr_k)=op_1((s_1,tr_1),(s_2,tr_2),\cdots,(s_n,tr_n))=\Delta(\prod\nolimits_{j=1}^{n}((\Delta^{-1}(s_j,tr_j)^{\omega_j}))$$

(4-30)

定义 4-9 设$\{(s_1,tr_1),(s_2,tr_2),\cdots,(s_n,tr_n)\}$为一组二元语义信息，则在二元语义信息下基于关联的加权几何平均算子(ET－RWGA)算子 op_2 定义为

$$(s_k,tr_k)=op_2((s_1,tr_1),(s_2,tr_2),\cdots,(s_n,tr_n))=\Delta(\prod_{j=1}^{n} b_{(j)}{}^{[\mu(C_{(j)})-\mu(C_{(j-1)})]}) \tag{4-31}$$

其中 $b_{(j)}$ 是 $b_j=\Delta^{-1}(s_j,tr_j)(j=1,2,\cdots,n)$ 的第 j 大元素。如果属性之间相互独立则 $\mu(C_{(j)})-\mu(C_{(j-1)})=\mu(c_{(j)})$，$(s_k,tr_k)=op_2(\cdot)=\Delta(\prod_{j=1}^{n} b_{(j)}{}^{\mu(c_{(j)})})=\Delta(\prod_{j=1}^{n} b_j^{\mu(c_j)})$，又因为$\sum_{j=1}^{n}\mu(c_j)=1$，所以$\mu(c_j)=\omega_j$，$(s_k,tr_k)=op_2(\cdot)=\Delta(\prod_{j=1}^{n} b_j^{\omega_j})$。所以ET－RWGA算子是ET－WGA算子在考虑属性关联后的扩展，如果不考虑属性关联则ET－RWGA算子就退化为ET－WGA算子。但是ET－RWGA算子没有考虑属性的位置权重，位置权重是指根据某一数据在整个数据列中的大小位置不同而配置不同的权重。

定义 4-10 设$\{(s_1,tr_1),(s_2,tr_2),\cdots,(s_n,tr_n)\}$为一组二元语义信息，由于每个数据自身的重要程度不同，且设数据自身的权重为$\boldsymbol{\omega}=(\omega_1,\omega_2,\cdots,\omega_j,\cdots,\omega_n)(\omega_j\in[0,1]$，$\sum_{j=1}^{n}\omega_j=1)$，位置权重向量$\boldsymbol{\nu}=(\nu_1,\nu_2,\cdots\nu_n)$是与 op_3 相关联的加权向量，$\nu_j\in[0,1]$，$\sum_{j=1}^{n}\nu_j=1$，则基于关联的二元语义混合加权几何平均(ET－RHWGA)算子 op_3 定义为

$$(s_k,tr_k)=op_3((s_1,tr_1),(s_2,tr_2),\cdots,(s_n,tr_n))=\Delta(\prod_{j=1}^{n} h_{(j)}^{[\mu(C_{(j)})-\mu(C_{(j-1)})]}) \tag{4-32}$$

其中 $h_{(j)}$ 是数据列 $h_j=(\Delta^{-1}(s_j,tr_j))^{n\nu_j}(j=1,2,\cdots,n)$ 的第 j 大元素。在 op_3 算子中如果不考虑位置权重，即 $\nu=(1/n,1/n,\cdots,1/n)$，$h_j=(\Delta^{-1}(s_j,tr_j))^{n\times\frac{1}{n}}=\Delta^{-1}(s_j,tr_j)=b_j$，则 op_3 算子就退化为 op_2 算子。

大部分文献都是通过位置权重的配置体现与、或、偏与、偏或等集结特征，文献[212]首次提出了模糊语义量化算子方法确定位置权重的方法，随后在文献[213]将模糊语义量化算子的方法运用于维修策略的决策过程中，文献[214]将其运用于合作伙伴决策过程中。文献[215]提出了基于最大熵原则的位置权重确定方法并将其应用于台湾某自行车企业的柔性制造系统适应性评估中。文献[216]提出了以一定的或程度(Orness)作为约束函数，以位置权重差的平方和最小为目标函数的方法确定位置权重。在多属性决策过程中，属性值分布几乎都是不均匀的，此时考虑数据疏密程度的信息显得十分必要。在一组数据中，数据越集中，说明信息的一致性程度越高；数据越分散，说明信息的一致性程度越低。文献[217]首次提出了密度加权平均算子，在信息集结过程中，如果强调个体意见则给分散的数据赋予较大的权重；如果强调群体意见则给集中的数据赋予较大的权重。对同

一方案同一定性属性赋值时，各个专家根据自身的经验可能给出不同的属性值，有的可能过高，有的可能过低，在实际决策过程中大部分文献都是强调群体意见的重要性，因此这时应该给过高或过低的属性值赋予较低的位置权重，以弱化不合理数据的影响。本专著提出基于正态分布的位置权重确定方法，即位于均值附近的赋值比较合理，应赋予较高的权重；远离均值的赋值则说明偏高或偏低，应赋予较低的权重。位置权重向量 $\nu=(\nu_1,\nu_2,\cdots\nu_n)$ 的计算公式为(4-33)

$$\nu_j=\frac{\exp(-\frac{(\Delta^{-1}(s_j,tr_j)-\bar{b})^2}{2\sigma_n^2})}{\sum_{j=1}^{n}\exp(-\frac{(\Delta^{-1}(s_j,tr_j)-\bar{b})^2}{2\sigma_n^2})}j=1,2,\cdots,n \tag{4-33}$$

上式中 $\bar{b}$ 是属性 j 下所有方案属性值的均值，即，$\bar{b}=\frac{1}{n}\sum_{j=1}^{n}\Delta^{-1}(s_j,tr_j)$，$\sigma_n$ 是属性 j 下所有方案属性值的方差，即，$\sigma_n=\sqrt{\frac{1}{n-1}\sum_{j=1}^{n}(\Delta^{-1}(s_j,tr_j)-\bar{b})^2}$。

4.6　在合作伙伴初选中的应用(Applications to Primary Selection of Partners in Agile Supply Chain)

对于大多数汽车制造企业而言，总厂主要负责汽车的设计、少量零部件的生产、整车装备等工作，而大部分零部件、标准件都是通过联营厂家生产。另外面对激烈的市场竞争，如果竞争对手以快于你的速度将类似的设计呈现市场，一两个星期的上市滞后时间也可能使你的上市产品的创新价值丧失殆尽。组建敏捷供应链是应对这种竞争的有效手段。供应链伙伴选择在很大程度上决定了供应链运作的平稳程度和运行效率。然而合作伙伴选择过程的复杂性，使得研究者普遍认识到，必须分阶段进行研究才能有效地解决这个问题。

本章的主要任务是为供应链上每一层次上的节点企业初步选择出 2～3 合作伙伴。不同层次上的节点企业由于自身优势与不足不同，合作目标不同，确定的评价准则可能有所不同，而计算程序则是相同的，所以本章以制造企业要选择上游企业为其提供原材料为例，阐述在一个混合关联环境下如何选择供应商。为了达到集思广益、知识集结、考虑周详的目的，本项目的研究采用群决策的方式，决策专家(*Experts*)群体集 $E=\{e_1,e_2,\cdots,e_t,\cdots,e_\zeta\}(\zeta\geqslant 2)$。假设有限备选方案集 $AL=\{al_1,al_2,\cdots al_i,\cdots,al_m\}(m\geqslant 2)$，属性集 $C=\{c_1,c_2,\cdots,c_j,\cdots,c_n\}(n\geqslant 2)$。决策群体经过充分协商最终决定评价指标体系为：价格(c_1)、质量(c_2)、新产品开发时间(c_3)、信任程度(c_4)、声誉(c_5)、先进程度(c_6) 等 6 个评价指标体系。经过初步筛选后，初步确定 5 个合作伙伴需要进一步决策分析，决定哪 3 个合作伙伴进入精选决策阶段。4 个专家对各待选合作伙伴在各指标上的评价值如表 4－2 所示，其中 b_{ij}^{t} 为决策者 e_t 对方案 al_i 关于属性 c_j 的评价值，s_1^5 表示一个粒度为 5 的语言评价集的第 2 个语言评价值。决策流程如图 4－6 所示。

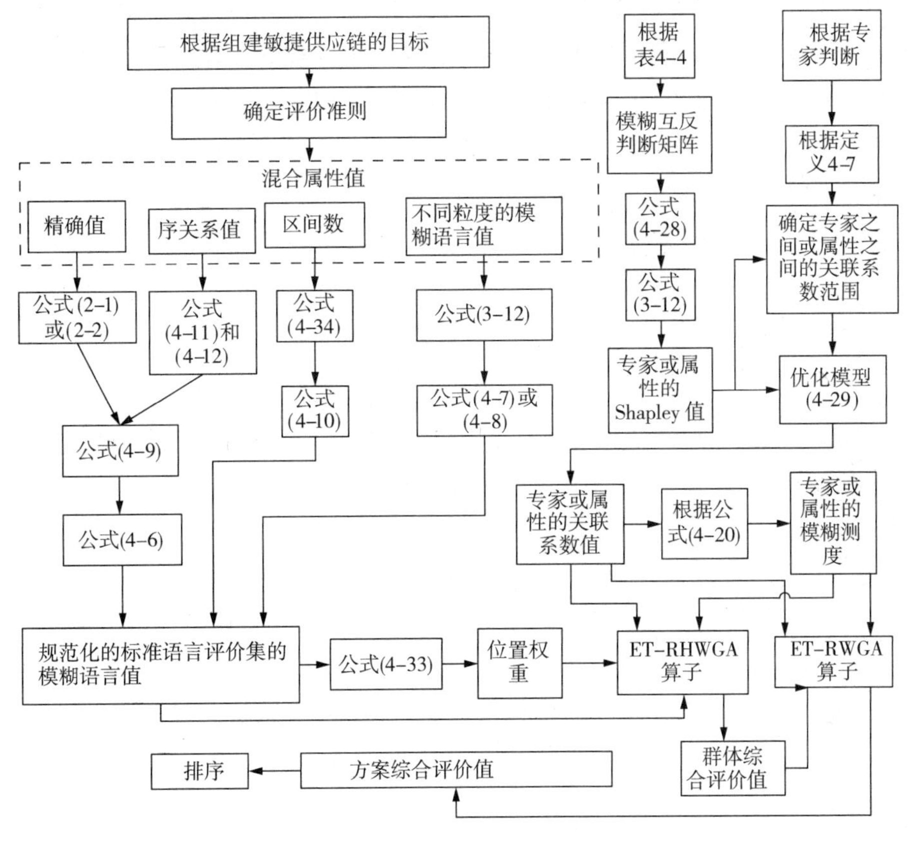

图 4－6　决策流程图

4.6.1　属性值规范化处理

(1) 精确值的数据处理

因为价格属于成本性指标，所以利用公式(2－2) 将任意范围的数值转化为[0,1] 之间的越大越好的数值，为防止最小值为零，利用公式(4－12) 进行处理，然后利用公式(4－9) 转化为对应标准语言集的语言值的隶属度值，最后利用公式(4－6) 转化为对应标准语言评价集的二元语义表达。

(2) 区间数的数据处理

因为新产品开发时间属于成本型属性，所以首先利用公式(4－34) 将区间数转化越大

越好的区间数。对 $\forall t \in E, \forall i \in AL, j=3$,有

$$b_{ij}^{*tl}=\exp\left(\frac{\max\limits_{\forall i} b_{ij}^{tu}-b_{ij}^{tu}}{\max\limits_{\forall i} b_{ij}^{tu}-\min\limits_{\forall i} b_{ij}^{tl}}-1\right), b_{ij}^{*tu}=\exp\left(\frac{\max\limits_{\forall i} b_{ij}^{tu}-b_{ij}^{tl}}{\max\limits_{\forall i} b_{ij}^{tu}-\min\limits_{\forall i} b_{ij}^{tl}}-1\right) \quad (4-34)$$

其中 b_{ij}^{tl}, b_{ij}^{tu} 决策者 e_t 对方案 al_i 关于属性 c_j 的评价值的下界和上界,$b_{ij}^{*tl}, b_{ij}^{*tu}$ 分别为规范化中间值的下界和上界。利用公式(4-10)转化为对应标准语言集的语言值的隶属度值,最后利用公式(4-6)转化为对应标准语言评价集的二元语义表达。

下面我们以 $b_{13}^{1}=[40,50]$ 为例,阐述如何将其规范化为 r_{13}^{1}。

Step 1 计算 $u_{[40,50]}(x)$。

$$u_a(x)=\begin{cases}0 & if \quad x<0.4895 \\ 1 & if \quad 0.4895 \leqslant x \leqslant 0.6514 \\ 0 & if \quad x>0.6514\end{cases}$$

Step 2 根据公式(4-10)计算 $\tau_{IS_H}([40,50])$,如图 4-7 所示。

$$\tau_{NS_H}([40,50])=\{(s_0',0),(s_1',0),(s_2',0.0656),(s_3',1),(s_4',0.9462),(s_5',0),(s_6',0)\}$$

Step 3 根据公式(4-6)计算 r_{13}^{1}。

$$r_{13}^{1}=(s_l',a_l')=\Delta\left(\frac{0\times0+1\times0+2\times0.0656+3\times1+4\times0.9462+5\times0+6\times0}{0+0+0.0656+1+0.9462+0+0}\right)$$

$$=(s_3',0.4377)$$

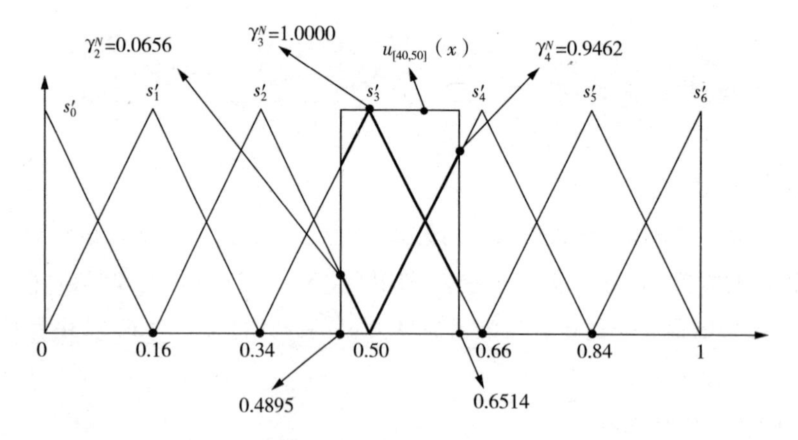

图 4-7　区间数转化为标准语言评价集中语言评价值

表 4-2 各专家初始评价值

待选方案	价格(c_1)(元)	质量(c_2)	新产品开发时间(c_3)(天)	信任程度(c_4)	声誉(c_5)	先进程度(c_6)
	b_{i1}^t	b_{i2}^t	b_{i3}^t	b_{i4}^t	b_{i5}^t	b_{i6}^t
Expert 1						
al_1	75	s_1^5	[40,50]	4	s_2^5	4
al_2	105	s_3^5	[35,45]	3	s_4^5	1
al_3	95	s_2^5	[50,60]	1	s_1^5	5
al_4	70	s_4^5	[55,60]	5	s_4^5	3
al_5	65	s_1^5	[25,35]	2	s_3^5	2
Expert 2						
al_1	75	s_2^7	[45,60]	4	5	s_3^7
al_2	105	s_4^7	[45,55]	2	3	s_5^7
al_3	95	s_3^7	[55,65]	3	1	s_4^7
al_4	65	s_2^7	[35,45]	1	2	s_2^7
al_5	70	s_6^7	[60,65]	5	4	s_6^7
Expert 3						
al_1	75	s_2^7	[35,45]	2	s_4^5	4
al_2	105	s_6^7	[55,65]	4	s_4^5	5
al_3	95	s_3^7	[50,70]	5	s_2^5	3
al_4	65	s_2^7	[30,45]	1	s_1^5	1
al_5	70	s_4^7	[40,50]	3	s_3^5	2
Expert 4						
al_1	75	5	[28,37]	5	s_5^7	s_1^5
al_2	105	1	[60,70]	4	s_6^7	s_4^5
al_3	95	3	[45,55]	3	s_3^7	s_2^5
al_4	65	4	[25,35]	2	s_2^7	s_1^5
al_5	70	2	[45,65]	1	s_4^7	s_3^5

(3) 序关系值的数据处理

利用公式(4-11)、(4-12)将序关系值转化为小于1的精确值，然后利用公式(4-9)转化为对应标准语言集的语言值的隶属度值，最后利用公式(4-6)转化为对应标准语言评价集的二元语义表达。

(4) 不同粒度的模糊语言一致化

按照公式(4-7)或公式(4-8)将不同粒度的语言评价值统一转化为7粒度的标准语言评价值。下面以 $b_{42}^1 = s_4^5$ 为例,阐述如何将其规范化为 r_{42}^1。

Step 1 根据公式(4-1)计算出源语言评价值 $b_{12}^1 = s_4^5$ 对应的隶属度函数 $u_{s_4^5}(x) = (0.75, 1.00, 1.00)$ 及根据公式(3-12)计算其去模糊化的精确值 $\psi(u_{s_4^5}) = 0.9583$。

Step 2 同样根据公式(4-1)和公式(3-12)计算出标准语言评价集中 $S_H = \{s_0', s_1', s_2', s_3', s_4', s_5', s_6'\}$ 中各语言评价值得去模糊化精确值 $\psi(u_{s_0'}) = 0.0267, \psi(u_{s_1'}) = 0.1633, \psi(u_{s_2'}) = 0.3367, \psi(u_{s_3'}) = 0.50$, $\psi(u_{s_4'}) = 0.6633, \psi(u_{s_5'}) = 0.8367, \psi(u_{s_6'}) = 0.9733$; $(\psi(u_{s_5'}) + \psi(u_{s_6'}))/2 = 0.9050$.

Step 3 既然 $\psi(u_{s_4^5}) = 0.9583$ 处于 $[(\psi(u_{s_5'}) + \psi(u_{s_6'}))/2, \psi(u_{s_6'})]$,所以利用公式(4-8)计算出 r_{42}^1

$$r_{42}^1 = (s_l', a_l') = (s_6', \frac{0.9583 - 0.9733}{0.9733 - 0.8367}) = (s_6', -0.1098)$$

表4-3中列出了将不同偏好信息统一规范化为标准语言评价集的语言评价值。

4.6.2 将不同专家的评价值转化为群体评价值

(1) 确定专家的 Shapley 值

因为各专家的 Shapley 值的和为1,因此可以认为各专家的 Shapley 值就是不考虑专家关联时的权重值,因此可以按照模糊层次法的方法确定专家的权重。首先按照表4-4的方法构造专家之间重要性两两比较的模糊互反判断矩阵 $\tilde{O}_e$,然后按照公式(4-28)、(3-12)得出专家的 Shapley 值 $\boldsymbol{I}_e$, $\boldsymbol{I}_e = (I_e(1), I_e(2), I_e(3), I_e(4)) = (0.2220, 0.2040, 0.2860, 0.2880)$。

(2) 确定专家及专家集的模糊测度

在群决策问题中,专家偏好之间可能存在关联关系,即专家的个人偏好并不一定相互独立。具体而言,专家的偏好会受到其社会地位、权力、威望、知识、期望等因素的影响。若专家在这些方面相似,则其偏好可能会接近,即具有冗余关联,若运用加权平均方法集结多维专家偏好,则可能过高估计总体评价值;若专家在这些方面相异,则其偏好可能具有互补关联,若运用加权平均方法集结多维专家偏好,则可能过低估计方案的总体评价值[218]。根据定义4-7确定专家之间的关联系数范围如表4-5所示,求解优化模型(4-29)可得到专家之间的关联系数为:$I_e^*(12) = -0.0272, I_e^*(13) = 0.0296, I_e^*(14) = -0.0080, I_e^*(23) = -0.0117, I_e^*(24) = 0.0272, I_e^*(34) = 0.0381$。然后根据公式(4-20)确定单个专家的默比乌斯表达式,$m_e(1) = I_e(1) - 0.5 \times (I_e^*(12) + I_e^*(13) + I_e^*(14)) = 0.2220 - 0.5 \times (-0.0272 + 0.0296 - 0.0080) = 0.2228$,根据公式(4-17)可知

$\mu_e(1)=m_e(1)=0.2228$。同样可得到，$\mu_e(2)=0.2098$，$\mu_e(3)=0.2580$，$\mu_e(4)=0.2593$。

表 4－3　规范化值

待选方案	价格(c_1)(元)	质量(c_2)	新产品开发时间(c_3)(天)	信任程度(c_4)	声誉(c_5)	先进程度(c_6)
	r_{i1}^t	r_{i2}^t	r_{i3}^t	r_{i4}^t	r_{i5}^t	r_{i6}^t
Expert 1						
al_1	$(s_5',-0.3400)$	$(s_2',-0.5000)$	$(s_3',0.4377)$	$(s_3',-0.1725)$	$(s_3',0.0000)$	$(s_3',-0.1725)$
al_2	$(s_5',0.2656)$	$(s_4',0.5000)$	$(s_4',-0.0415)$	$(s_4',-0.3344)$	$(s_6^7,-0.1098)$	$(s_6',0.0000)$
al_3	$(s_3',-0.1725)$	$(s_3',0.0000)$	$(s_3',-0.4691)$	$(s_6',0.0000)$	$(s_2',-0.5000)$	$(s_2',0.1744)$
al_4	$(s_6',0.0000)$	$(s_6^7,-0.1098)$	$(s_2',0.3898)$	$(s_2',0.1744)$	$(s_6^7,-0.1098)$	$(s_4',-0.3344)$
al_5	$(s_2',0.1744)$	$(s_2^7,-0.5000)$	$(s_5',0.2040)$	$(s_5',-0.3400)$	$(s_4',0.5000)$	$(s_5',-0.3400)$
Expert 2						
al_1	$(s_5',-0.3400)$	s_2'	$(s_3',0.4477)$	$(s_3',-0.1725)$	$(s_2',0.1744)$	s_3'
al_2	$(s_5',0.2656)$	s_4'	$(s_4',-0.2701)$	$(s_5',-0.3400)$	$(s_4',-0.3344)$	s_5'
al_3	$(s_3',-0.1725)$	s_3'	$(s_3',-0.3886)$	$(s_4',-0.3344)$	$(s_6',0.0000)$	s_4'
al_4	$(s_6',0.0000)$	s_2'	$(s_5',0.1169)$	$(s_6',0.0000)$	$(s_5',-0.3400)$	s_2'
al_5	$(s_2',0.1744)$	s_6'	$(s_2',0.4173)$	$(s_2',0.1744)$	$(s_3',-0.1725)$	s_6^7
Expert 3						
al_1	$(s_5',-0.3400)$	s_2'	$(s_5',-0.2757)$	$(s_5',-0.3400)$	$(s_6^7,-0.1098)$	$(s_3',-0.1725)$
al_2	$(s_5',0.2656)$	s_6'	$(s_3',-0.1717)$	$(s_3',-0.1725)$	$(s_6^7,-0.1098)$	$(s_2',0.1744)$
al_3	$(s_3',-0.1725)$	s_3'	$(s_3',-0.0642)$	$(s_2',0.1744)$	$(s_3',0.0000)$	$(s_4',-0.3344)$
al_4	$(s_6',0.0000)$	s_2'	$(s_5',0.0533)$	$(s_6',0.0000)$	$(s_2',-0.5000)$	$(s_6',0.0000)$
al_5	$(s_2',0.1744)$	s_4'	$(s_4',0.1633)$	$(s_4',-0.3344)$	$(s_4',0.5000)$	$(s_5',-0.3400)$
Expert 4						
al_1	$(s_5',-0.3400)$	$(s_2',0.1744)$	$(s_5',0.0922)$	$(s_2',0.1744)$	s_5'	$(s_2',-0.5000)$
al_2	$(s_5',0.2656)$	$(s_6',0.0000)$	$(s_2',0.4747)$	$(s_3',-0.1725)$	s_6'	$(s_6^7,-0.1098)$
al_3	$(s_3',-0.1725)$	$(s_4',-0.3344)$	$(s_3',0.4906)$	$(s_4',-0.3344)$	s_3'	$(s_3',0.0000)$
al_4	$(s_6',0.0000)$	$(s_3',-0.1725)$	$(s_5',0.3524)$	$(s_5',-0.3400)$	s_2'	$(s_2',-0.5000)$
al_5	$(s_2',0.1744)$	$(s_5',-0.3400)$	$(s_3',0.1341)$	$(s_6',0.0000)$	s_4'	$(s_4',0.5000)$
群体综合评价值						
	r_{i1}	r_{i2}	r_{i3}	r_{i4}	r_{i5}	r_{i6}
al_1	$(s_5',-0.3400)$	$(s_2',-0.0159)$	$(s_4',0.1199)$	$(s_3',-0.3405)$	$(s_4',-0.0871)$	$(s_3',-0.4998)$

（续表）

	r_{i1}	r_{i2}	r_{i3}	r_{i4}	r_{i5}	r_{i6}
al_2	$(s'_5, 0.2656)$	$(s'_5, 0.2474)$	$(s'_3, -0.0597)$	$(s'_3, 0.2811)$	$(s'_6, -0.0731)$	$(s'_4, 0.4531)$
al_3	$(s'_3, -0.1725)$	$(s'_3, -0.0883)$	$(s'_3, -0.2435)$	$(s'_3, 0.4471)$	$(s'_3, -0.0207)$	$(s'_3, 0.3480)$
al_4	$(s'_6, 0.0000)$	$(s'_2, 0.5480)$	$(s'_5, -0.0641)$	$(s'_5, 0.0690)$	$(s'_3, -0.31111)$	$(s'_3, -0.4359)$
al_5	$(s'_2, 0.1744)$	$(s'_4, 0.4293)$	$(s'_4, -0.2943)$	$(s'_4, -0.0964)$	$(s'_4, 0.3231)$	$(s'_5, -0.0430)$

表 4-4　三角模糊数确定的办法

不确定判断	三角模糊数
大约相等	$(1/2,1,2)$
重要度大约为 x 倍	$(x-1,x,x+1)$
重要度大约为 x 分之一	$(1/(x+1),1/x,1/(x-1))$
重要度大约在 y 倍和 z 倍之间	$(y,(y+z)/2,z)$
重要度大约在 y 分之和 z 分之一之间	$(1/z,2/(y+z),1/y)$

$$\widetilde{O}_e=\begin{bmatrix} & e_1 & e_2 & e_3 & e_4 \\ e_1 & (1,1,1) & (0.5,1.5,2.5) & (0.5,1.0,1.5) & (1/2.5,1/2,1/1.5) \\ e_2 & (1/2.5,1/1.5,1/0.5) & (1,1,1) & (1.0,1.5,2.0) & (1/3.0,1/2.5,1/2.0) \\ e_3 & (1/1.5,1.0,1/0.5) & (1/2,1/1.5,1.0) & (1,1,1) & (2.0,2.5,3.0) \\ e_4 & (1.5,2,2.5) & (2.0,2.5,3.0) & (1/3,1/2.5,1/2) & (1,1,1) \end{bmatrix}$$

(3) 确定群体综合评价值

因为相对属性价格(c_1)4 个专家对各个方案评价值是一致的，所以相对于 c_1 专家的评价也就是群体综合评价值。对于属性 c_2、c_3、c_4、c_5、c_6，分别对于各个方案按照公式(4-33)计算出四个专家的位置权重相量，这样的位置权重相量总共有 25 个。然后按照定义 4-10 计算出群体综合评价值，计算结果列于表 4-3 下部。例如计算第 1 个方案第 2 个属性(c_2)的群体综合评价值 r_{12}。

Step 1 根据公式(4-33)计算位置权重向量 $\nu=(\nu_1,\nu_2,\nu_3,\nu_4)$，得到 $\nu=(0.1201, 0.3251, 0.3251, 0.2297)$。

Step 2 根据定义 4-10 得到 $h_{12}^t=(r_{12}^t)^{4\times\nu_t}$ 为 $h_{12}^1=1.2151$，$h_{12}^2=2.4630$，$h_{12}^3=2.4630$，$h_{12}^4=2.0415$。

Step 3 从大到小对 h_{12}^t 排序：$h_{12}^{(1)}=h_{12}^2=2.4630$，$h_{12}^{(2)}=h_{12}^3=2.4630$，$h_{12}^{(3)}=h_{12}^4=2.0415$，$h_{12}^{(4)}=h_{12}^1=1.2151$。

Step 4 根据 ET－RHWGA 算子计算 r_{12}.

$$r_{12}=(s_k',a_k')=\Delta\left(h_{12}^{2\,\mu_e(2)}\times h_{12}^{3\,[\mu_e(3)+I_e^*(23)]}\times h_{12}^{4\,[\mu_e(4)+I_e^*(34)+I_e^*(24)]}\times h_{12}^{1\,[\mu_e(1)+I_e^*(14)+I_e^*(13)+I_e^*(12)]}\right)$$

$$=\Delta(2.4630^{0.2098}\times 2.4630^{0.2463}\times 2.0415^{0.3246}\times 1.2151^{0.2172})$$

$$=\Delta(1.9841)=(s_2',-0.0159)$$

表 4－5　专家之间关联系数范围

$I_e(ij)$	e_1	e_2	e_3	e_4
e_1	[0.0000,0.0000]	[－0.0816,－0.0272]	[0.0296,0.0888]	[－0.0296,0.0296]
e_2	[－0.0816,－0.0272]	[0.0000,0.0000]	[－0.0272,0.0272]	[0.0272,0.0816]
e_3	[0.0296,0.0888]	[－0.0272,0.0272]	[0.0000,0.0000]	[0.0381,0.1143]
e_4	[－0.0296,0.0296]	[0.0272,0.0816]	[0.0381,0.1143]	[0.0000,0.0000]

4.6.3　计算各方案综合评价值

(1) 确定各属性的 Shapley 值

按照类似于专家 Shapley 值确定方法，构造模糊判断矩阵$\tilde{O}_c$，然后计算出各专家的 Shapley 值为 $I_c=(I_c(1),I_c(2),I_c(3),I_c(4),I_c(5),I_c(6))=(0.2076,0.3170,0.1225,0.1549,0.1011,0.0968)$

$$\tilde{O}_c=\begin{bmatrix} & c_1 & c_2 & c_3 & c_4 & c_5 & c_6 \\ c_1 & (1,1,1) & (1/2,2/3,1) & (1,2,3) & (1,3/2,2) & (2,5/2,3) & (1,3/2,2) \\ c_2 & (1,3/2,2) & (1,1,1) & (2,5/2,3) & (2,3,4) & (2,5/2,3) & (3,7/2,4) \\ c_3 & (1/3,1/2,1) & (1/3,2/5,1/2) & (1,1,1) & (1/2,1,2) & (2/5,2/3,2) & (1,3/2,2) \\ c_4 & (1/2,2/3,1) & (1/4,1/3,1/2) & (1/2,1,2) & (1,1,1) & (2,5/2,3) & (3/2,2,5/2) \\ c_5 & (1/3,2/5,1/2) & (1/3,2/5,1/2) & (1/2,3/2,5/2) & (1/3,2/5,1/2) & (1,1,1) & (1/2,1,2) \\ c_6 & (1/2,2/3,1) & (1/4,2/7,1/3) & (1/2,2/3,1) & (2/5,1/2,2/3) & (1/2,1,2) & (1,1,1) \end{bmatrix}$$

(2) 确定各属性及属性集的关联系数

类似于确定专家及专家集的模糊测度方法，可得到属性之间的关联系数如表 4－6 所示。然后得出属性的模糊测度值为 $\mu_c(1)=0.2167$，$\mu_c(2)=0.3327$，$\mu_c(3)=0.1083$，$\mu_c(4)=0.1556$，$\mu_c(5)=0.0903$，$\mu_c(6)=0.1147$。

(3) 求各待选方案综合评价值

利用定义(4-9)计算出各方案的综合评价值,列于表4-7的第二列。根据计算结果淘汰待选方案al_1、al_3,将待选方案al_2、al_4、al_5作为备选方案进入精选阶段进一步筛选及分配最优订货量。

表4-6　属性之间关联系数

$I_c^*(ij)$	c_1	c_2	c_3	c_4	c_5	c_6
c_1	—	-0.0166	0.0098	-0.0082	0.0081	-0.0113
c_2	-0.0166	—	0.0098	-0.0088	-0.0081	-0.0077
c_3	0.0098	0.0098	—	0.0098	0.0081	-0.0090
c_4	-0.0082	-0.0088	0.0098	—	0.0135	-0.0077
c_5	0.0081	-0.0081	0.0081	0.0135	—	0.0000
c_6	-0.0113	-0.0077	-0.0090	-0.0077	0.0000	—

另外文献[219-220]提出了利用公式(4-35)计算2-可加模糊Choquet积分公式:

$$C_\mu(f):=\sum_{i=1}^{n}\Big(I(i)-\frac{1}{2}\sum_{j\neq i}|I(ij)|\Big)f(c_i)+\sum_{I(ij)>0}I(ij)\min\{f(c_i),f(c_j)\}+\sum_{I(ij)<0}I(ij)\max\{f(c_i),f(c_j)\} \tag{4-35}$$

如果$I(ij)=0,\forall\{i,j\}\in C$,则公式(4-35)退化为线性加权求和公式。利用公式(4-35)的计算结果列在表4-7的第4列中。从结果比较可以看出排在前面的三个方案是相同的,即al_2、al_4、al_5。但文献[219-220]中都是根据专家的判断直接给出两属性之间的关联系数,缺乏客观依据。本专著在专家给出两属性间关联系数范围的基础上,依据最大熵原则再确定精确关联系数,即体现了专家的主观判断又具有客观依据。如果直接采用公式(4-23)计算方案综合评价值,计算结果列在表4-7第6列,可见最好的方案仍然是al_2,排在前三位的待选方案仍然是al_2、al_4、al_5,说明本章采用的方法是合理和可行的。

表4-7　计算结果和排序结果比较

待选方案	本章方法	排序结果	文献[220]的方法	排序结果	根据公式(4-23)	排序结果
al_1	3.004	5	2.5811	4	3.1813	4
al_2	4.5448	1	3.8645	1	4.6646	1
al_3	3.0017	4	2.5086	5	3.0113	5
al_4	3.7201	2	3.2186	2	3.9910	2
al_5	3.7028	3	3.1227	3	3.8292	3

4.7　本章总结(Summary)

(1) 本章分析敏捷供应链的概念及其特征,敏捷供应链中合作伙伴选择的研究现状及其存在的一些主要问题。

(2) 本章分析了处理语言评价值的四种常见计算模型(基于扩展原理、基于有序语言、基于二元语义、基于术语指标)和不同粒度语言一致化方法。

(3) 分析了模糊测度、模糊积分的基本概念,论述了模糊测度、默比乌斯变化和关联系数三者之间的转换关系,导出了一般模糊测度 Marichal 熵在 2－可加模糊测度下的表达式,该表达式更加简洁,方便使用,然后利用最大熵原则确定模糊测度。

(4) 提出了一种基于 Choquet 积分关二元语义混合加权几何平均(ET－RHWGA)算子,使用该算子不仅考虑了属性之间的关联而且在群决策时考虑了不同专家对同一定性属性赋值大小的合理性,即位置权重。

(5) 最后将本章的理论应用于敏捷供应链合作伙伴初选中,通过比较说明本章提出算法的合理性和可行性。

5 基于交互双层模糊规划的敏捷供应链合作伙伴精选及最优任务分配

5.1 引言(Introduction)

合作伙伴选择问题主要分为两大类[221]:第一类是不考虑各种约束条件,决策者只需从待选的合作伙伴中选择一个最好的合作伙伴;第二类是考虑到待选合作伙伴的供应能力、产品质量及准时送货率等约束条件的基础上,选择多个合作伙伴,然后以最大化客户满意度、最小化成本等目标函数的基础上,进一步精选合作伙伴及确定最优订货量。本章研究的是第二类合作伙伴选择问题。第四章是对合作伙伴进行初选,从中为供应链各层选择了2到3个合作伙伴,本章把初选的合作伙伴放在整条供应链网络中(如图5-1所示)进行整体优化决策,决定最终精选的合作伙伴及最优任务分配。供应链优化决策的方式主要有2种[222]。

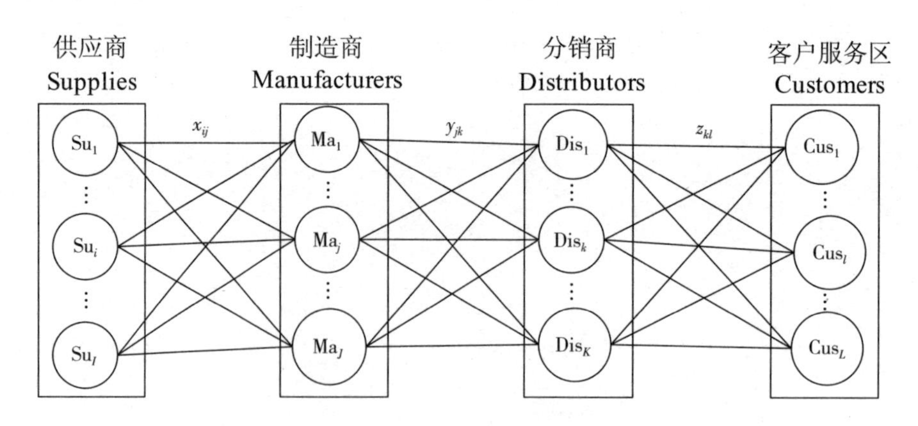

图5-1

(1) 供应链集中决策方式。具有强大实力的盟主经由一个统一的决策层通过有效的集成信息交换系统把供应链网络中的各个节点企业整合到一个统一的系统中进行高度集中的决策,例如文献[118,119,223]。文献[223]在考虑各种约束的基础上,以最小化提前/延迟惩罚为目标，建立了面向供应链的高级计划与排程的混合整数规划模型。

(2) 供应链分布决策方式。供应链网络中有多个决策中心，分别对应于协调和控制供应链网络中的一部分。分布决策方式又分为2种，一种是无协调中心的分布决策，即网络中各个企业具有同等的决策权限，这时供应链的优化问题是一个多层优化问题，文献[120]从数学方法上分析了多层优化问题的解法，由于方法过于复杂，将多层优化方法应用于供应链构建与优化的论文是少之又少；另一种是有协调中心的分布决策方法，由盟主组成供应链协调中心，处于决策层的上层，供应链中各层企业分别组成各级企业的协调中心，处于下层。文献[121]就是采用带有协调中心的双层优化问题。分布式决策方式不仅考虑了盟主的利益而且也考虑了各级联盟企业的利益，有利于供应链的长期稳定运行，但有时由于盟主和各级企业之间或各级企业内部之间的目标是相互矛盾的，所以得到的优化解是双方妥协后得到的解，即各自的满意度只能在一定程度上满足。

对于多目标优化问题一般很难得到最优解，只能选择某种形式折中而得到有效解。根据决策者给出偏好信息的方法，大致可将多目标决策的计算方法分为三大类[224]。(1) 事先宣布类方法。优化前决策者可以提供足够的偏好信息，一次优化获得的解即为入选方案，该方法优点是计算量少，但要求决策者提供完备的整体偏好信息，则比较困难。评价函数法、目标规划法和分层序列法是典型的事先宣布类方法，评价函数法又包括线性加权法、参考目标法、极大极小点法和理想点法等。(2) 交互方法。这类方法是通过决策者或分析者与计算机多次对话，加深对问题的理解，明确偏好结构，最终获得满意的决策方法过程。交互式决策方法不要求决策者预先宣布其偏好，甚至随着决策群体的交流，决策者的偏好是可以改变的，例如逐步约束法、满意权衡法等。交互式决策方法自20世纪70年代初发展起来后，由于其解决问题的灵活性和实用性，尤其对减轻决策问题中的困难表现出了良好的效果，因为受到越来越多的关注。(3) 事后宣布类方法。这类方法的特征是分析者首先求出有限个有效解，然后让决策者自己取一个结果。这类方法对决策者的要求最少，但生成的有限个有效解中可能遗漏了决策者认为实际上最偏好的方案，而且如果生成有效解个数较大，其计算量也是非常可观的。

模糊规划方法又称为满意度法，是数学规划与模糊集理论的结合。当用模糊规划方法求解多目标决策问题时，需要解决如下几个问题：(a) 确定模糊多目标决策问题的数学模型；(b) 选择适当的隶属度函数来刻画模糊目标或模糊追求特性；(c) 采用某个或某些模糊算子对不同的目标进行综合，以形成整体满意度；(d) 推导出求解模糊数学规划的具体算法。

文献[225]利用加权排序的模糊规划求解应急物流多目标随机规划模型，该模型的优点是不用确定每个目标的具体权重值而只需确定多个目标重要性之间的排序，减轻了决策者的负担，属集中决策范畴。文献[226-227]中提出基于两阶段的模糊规划算法，先采用极小极大方法计算出目标函数的满意度，然后以目标函数的满意度大于或等于极小极大法确定的满意度作为其中一个约束条件,以最大化各目标满意度和或加权和作为目标函数,这样计算出的目标满意度一定大于或等于极小极大法确定的满意度。文献[7] 指出现在大部分文献采用的是确定性数学模型,而没有考虑在供应链运作过程中出现的各种不确定性,例如文献[118,119,121] 中各参数都是用精确数表示。文献[119] 提出的蚁群算法是众多智能算法中的一种,运用智能算法要求决策者具有一定程度的专业知识,这很可能会远远超出大部分管理人员和组织决策者的知识储备。文献[228] 构建的模型中只是考虑了二级分销网络的优化问题,而没有考虑到原材料购买,产品制造问题,所以不是一个全面的供应链网络。

本章在试图从整条供应链的角度出发构建和优化供应链。为了体现不同层次决策者的不同决策权限,采用带有协调中心的交互双层模糊规划的方法,用梯形模糊数表达不确定性参数。利用软件 LINGO13 求解该模糊规划,得出最终的精选合作伙伴及最优任务分配。

5.2 模糊规划求解方法(Fuzzy Programming)

5.2.1 多目标决策问题的解集

考察如下的多目标决策问题:

$$\begin{cases} V-\min F(x)=(f_1(x),\cdots,f_j(x),\cdots f_n(x)^T)n\geqslant 2 \\ s.t.\ g_i(x)\leqslant 0,i=1,2,\cdots,m \end{cases}$$

其中

$$x=(x_1,x_2,\cdots,x_\zeta) \tag{5-1}$$

令

$$X=\{x\mid g_i(x)\leqslant 0,i=1,2,\cdots,m\}$$

$V-\min F(x)$ 表示向量(Vector) 极小化,X 表示满足约束条件的可行解集。如果其中某一个目标函数 $f_j(x)$ 是求最大值,即 $\max f_j(x)$,则可以转换为 $\max f_j(x)=-\min(-f_j(x))$。如果约束函数是 $g_i(x)\geqslant 0$,则可转化为 $-g_i(x)\leqslant 0$;如果约束函数是 $g_i(x)=0$,则可转化为 $g_i(x)\geqslant 0$ 和 $-g_i(x)\leqslant 0$。所以式(5-1) 是多目标决策问题的一般表达形式。

设$x^*\in X$,若对任意 $x\in X$ 及任意 $f_j(x)$,都有 $f_j(x^*)\leqslant f_j(x)$ 成立,则称x^* 为问题(5-1) 的绝对最优解,$F^*(x)=(f_1(x^*),f_2(x^*),\cdots,f_l(x^*))^T$ 称为绝对最优值,用

X^* 表示绝对最优解集合。若不存在$x \in X$,对任意$f_j(x)$都有$f_j(x) \leqslant f_j(x^*)$成立,则称$x^*$为问题(5-1)的有效(或者称为Pareto解),亦称非劣解,用$X_{ef}{}^*$表示有效解集合。这意味着在可行解集中已找不到一个x,使得对应的每一个分目标值都比x^*对应的分目标值小,并且至少有一个x对应的分目标值要比x^*对应的分目标值大。若不存在$x \in X$,对任意$f_j(x)$,都有$f_j(x) < f_j(x^*)$成立,则称x^*为问题(5-1)的弱有效(或者称为弱Pareto解),亦称弱非劣解,用$X_{wef}{}^*$弱有效解集合。四个解集之间的关系是:$X^* \subset X_{ef}^* \subset X_{wef}^* \subset X$[229]。

5.2.2　几种模糊规划求解方法

(1) 极大极小法

决策者首先给每个目标函数或约束函数定义一个满意度函数$u_j(f_j(x))(j = 1,2,\cdots,n)$或者$u_i(g_i(x))(i = 1,2,\cdots,m)$,模糊规划解的满意度为所有模糊满意度的交集,即:

$$u_D(x) = \{\bigcap_{j=1}^{n} u_j(f_j(x))\} \cap \{\bigcap_{i=1}^{m} u_j(g_i(x))\} \tag{5-2}$$

则最优解x^*为

$$u_D(x^*) = \max_{x \in X} u_D(x) = \max_{x \in X} \min\{\min_{\forall j} u_j(f_j(x)), \min_{\forall i} u_i(g_i(x))\} \tag{5-3}$$

为求解上述模糊规划问题,引入参数ε,则(5-3)转化为:

$$\begin{aligned} &\max \quad \varepsilon \\ &s.t. \begin{cases} \varepsilon \leqslant u_j(f_j(x))\, j = 1,2,\cdots,n \\ \varepsilon \leqslant u_i(g_i(x))\, i = 1,2,\cdots,m \\ x \in X \quad \text{and} \quad \varepsilon \in [0,1] \end{cases} \end{aligned} \tag{5-3}$$

文献[230]指出采用模型(5-3)没有考虑各目标或各约束函数的权重,假设ω_j、ω_i分别为对应目标函数或约束函数的权重,于是提出了一种带权重的极大极小模型。

$$\begin{aligned} &\max \quad \varepsilon \\ &s.t. \begin{cases} \varepsilon \leqslant \omega_j \cdot u_j(f_j(x))\, j = 1,2,\cdots,n \\ \varepsilon \leqslant \omega_i \cdot u_i(g_i(x))\, i = 1,2,\cdots,m \\ x \in X \quad \text{and} \quad \varepsilon \in [0,1] \\ \sum_{j=1}^{n} \omega_j + \sum_{i=1}^{m} \omega_i = 1 \end{cases} \end{aligned} \tag{5-4}$$

并且通过实例说明利用该模型求得的目标满意度值与该目标的权重成正比,即目标的权重值越大，则该目标的满意度值越高。

(2) 扩展极大极小法

采用极大极小算子，只能保证多目标满意度的最小值取得最大值，而其他每个目标的满意度只是最低限度的满足，所以结果只是一个非劣解。于是很多学者提出了各种扩展的极大极小方法。

文献[231]中提出一种极小一有界和的补偿算子，即令

$$u_D(x) = \kappa \min_{\forall j} u_j(f_j(x)) + (1-\kappa)\min\{1, \sum_{j=1}^{n} u_j(f_j(x))\} \quad 0 \leqslant \kappa \leqslant 1 \quad (5-5)$$

引入参数 ε_1 和 ε_2，求解(5-5)的最小值问题可转化为

$$\max \quad \kappa\varepsilon_1 + (1-\kappa)\varepsilon_2 \quad (5-6)$$

$s.t.\ \varepsilon_1 \leqslant u_j(f_j(x))(j=1,2,\cdots,n), \varepsilon_2 \leqslant \sum_{j=1}^{n} u_j(f_j(x))(j=1,2,\cdots,n), \varepsilon_2 \leqslant 1, x \in X$。

(3) 凸模糊或乘积模糊决策

凸模糊决策是将模糊规划的满意度值定义为所有模糊目标的算术加权和，即 $u_D(x) = \sum_{j=1}^{n} \omega_j u_j(f_j(x))$。乘积模糊决策是将模糊规划的满意度值定义为所有模糊目标的几何加权和，即 $u_D(x) = \sum_{j=1}^{n} (u_j(f_j(x)))^{\omega_j}$。

(4) 两阶段法

例如文献[226]中提出基于两阶段的模糊规划算法。

Step 1：采用极大极小算子求得目标满意度的整体最优满意度值 ε^0 和可行解 x^0。

Step 2：建立一个以极大化各目标函数的平均满意度为新的目标函数的数学模型，并附加约束条件 $\varepsilon_j \geqslant \varepsilon^0$，即

$$\begin{aligned} &\max \quad \frac{1}{n}\sum_{j=1}^{n} u_j(f_j(x)) \\ &s.t. \begin{cases} \varepsilon^0 \leqslant \varepsilon_j \leqslant u_j(f_j(x)) j=1,2,\cdots,n \\ x \in X \quad \text{and} \quad \varepsilon_j \in [0,1] \end{cases} \end{aligned} \quad (5-7)$$

5.3 双层模糊规划(Two-Level Fuzzy Programming)

上述几种模糊规划求解方法都是把所有的目标函数的满意度采用一定的集成算子综合成一个满意度值，然后求解得到有效解，属于事先宣布类方法。这种求解方法没有

考虑不同目标函数的决策优先权，不同层次决策者之间缺乏有效的沟通协商。而实际上在敏捷供应链多目标优化过程中，不同层次的决策者具有不同的决策优先权，例如处于供应链协调中心的盟主应该具有优选决策权，采用双层模糊规划的方法则能体现决策过程中不同的优先权。

5.3.1　双层数学规划的数学模型

多层数学规划是一种具有递阶结构的系统优化问题，用于解决具有层次结构的多个决策者参与决策的数学规划，其中以双层数学规划应用得最为普遍[232]。本章研究上层只有一个决策目标函数，$\min f_0(x)$，它具有决策优先权，下层有多个决策目标函数 $\min f_j(x)(j=1,2,\cdots,n')$，它们并列处于下层具有同等的决策权限，$g_i(x)\leqslant 0(i=1,2,\cdots,m)$ 是上下层共同的约束函数。$x=(x_0,x_1,\cdots,x_j,\cdots x_n{}',z)$，变量 x_0 是上层控制的决策变量，变量 x_j 是下层第 j 个决策目标控制的变量，变量 z 是上下层决策者共同控制的决策变量。

5.3.2　交互双层模糊规划求解方法

文献[233]提出的方法是首先给定第一层的最小满意度值，然后以第一层的满意度值作为约束条件求解第二层模糊规划，以此类推得出各层的满意度值。在该方法中第一层的满意度值是决策者主观给定的，因此具有一定的随意性，另外在该方法中是以上层决策者满意度值作为一个约束条件来求解下一层决策者的目标函数。下一层决策者的满意度值无法反馈给上一层次的决策者，并且可能导致下层决策者目标函数无可行解，因此存在一定的缺陷，需要进一步完善。

本章建立一种交互双层模糊规划方法，该方法通过上下层决策者的相互协商沟通，最终得到上下层决策者都认可的满意度值。详细决策流程如图 5-2 所示。

(1) 确定各目标函数的目标参考值

首先确定各目标所期望达到的值，即目标参考值，一般把在可行域内求出的各目标函数的最大值和最小值作为各目标函数的目标参考值，即求优化模型(5-8)，

$$f_j^{\min}=\min_{x\in X} f_j,\quad f_j^{\max}=\max_{x\in X} f_j(j=0,1,2,3,\cdots,n) \tag{5-8}$$

(2) 为各目标函数建立满意度函数

决策者根据主观偏好从线性函数、指数函数、双曲函数等函数中选择一个构造满意度函数。为计算方便本章选择线性函数，对于极小型目标函数建立式(5-9) 所示的满意度函数。对于极大型目标函数建立式(5-10) 所示的满意度函数，如图 5-3 所示。

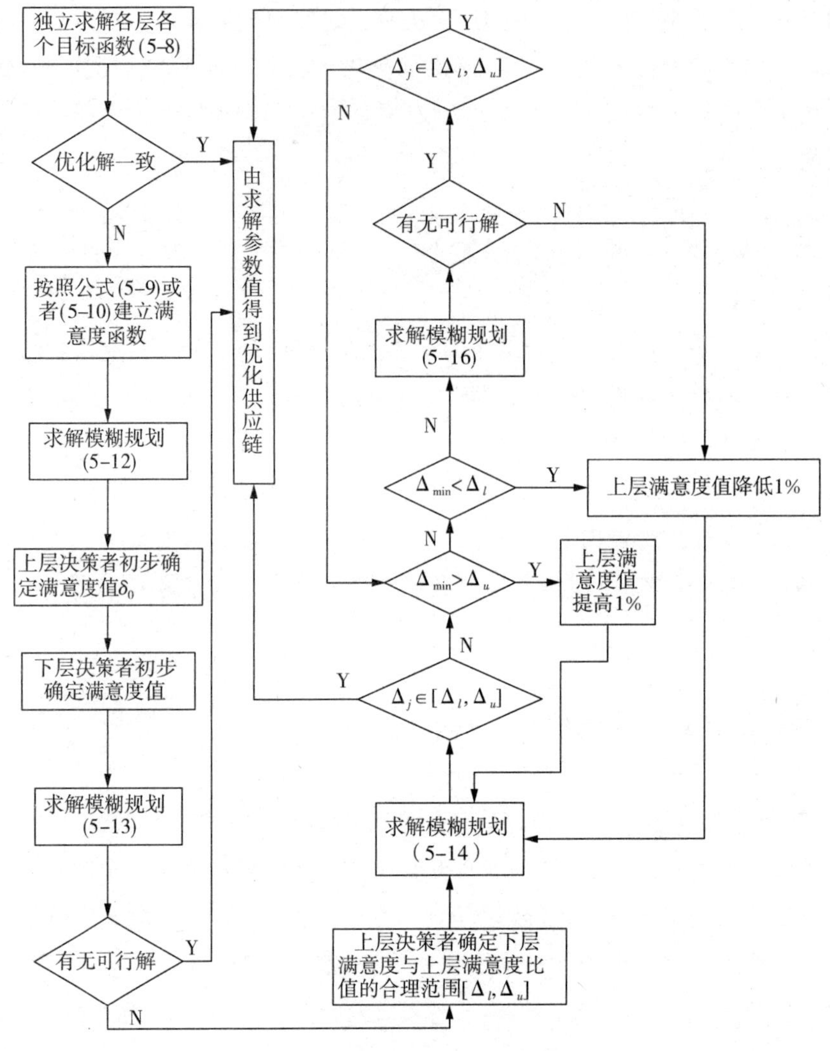

图 5-2　双层交互模糊规划决策流程

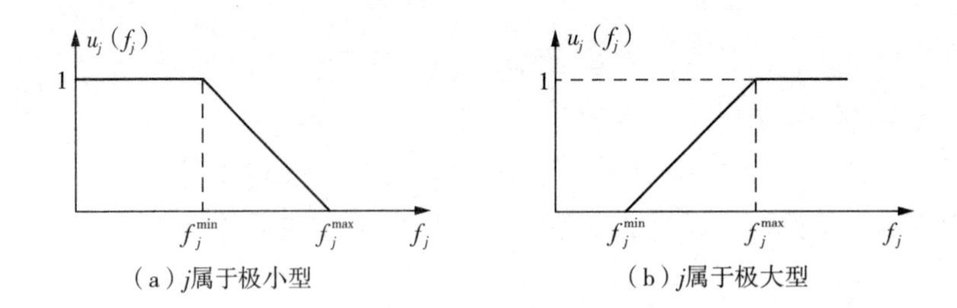

(a) j属于极小型　　(b) j属于极大型

图 5-3　满意度隶属变

$$u_j(f_j)=\begin{cases}1 & f_j \leqslant f_j^{\min} \\ (f_j^{\max}-f_j)/(f_j^{\max}-f_j^{\min}) & f_j^{\min}<f_j \leqslant f_j^{\max} (j \text{ 属于极小型}) \\ 0 & f_j \geqslant f_j^{\min}\end{cases} \quad (5-9)$$

$$u_j(f_j)=\begin{cases}1 & f_j \geqslant f_j^{\max} \\ (f_j-f_j^{\min})/(f_j^{\max}-f_j^{\min}) & f_j^{\min} \leqslant f_j < f_j^{\max}(j\text{ 属于极大型}) \\ 0 & f_j \leqslant f_j^{\min}\end{cases} \tag{5-10}$$

则优化问题转化为在可行域内各目标函数的满意度尽可能最大，即 $\max\{u_j(f_j),j=0,1,2,3,\cdots,n\}$。

(3) 上下层决策者初步给出最小满意度值

如果满意度值太高，则可能导致目标函数无可行解，如果满意度值太低，则不能满足决策者要求。为了便于决策者给出满意度值。可首先采用极大极小化算子求出目标满意度的一个可行解，即在对各目标最不利的情况下在可行域内求出的有效解，即求解下述优化问题：

$$\max\{\min\{u_j(f_j)j=0,1,2,3,\cdots,n\} \tag{5-11}$$

引入变量 ε，则上述优化问题转化为

$$\max \quad \varepsilon \tag{5-12}$$

$$s.t.\ \varepsilon \leqslant u_j(f_j) \leqslant 1(j=0,1,2,3,\cdots,n),x \in X,\varepsilon \geqslant 0$$

上下层决策者根据上述目标函数求出的满意度值，然后相互协商，上层给出最小满意度水平为 δ_0，下层决策者给出最小满意度水平分别为 $\delta_j(j=1,2,3,\cdots,n')$。因为上层决策者具有优先权，所以上层决策者在满足下层决策者最小满意度水平下最大化其目标满意度值。所以转化为求解下述优化问题。

$$\max \quad u_0(f_0) \tag{5-13}$$

$$s.t.\ \delta_j \leqslant u_j(f_j)(j=0,1,2,3,\cdots,n),x \in X$$

如果上述问题的最优解存在，上层就获得了比较满意解，这个解也使得下层得到相对满足。但供应链运作过程中，上下层各自利益往往存在冲突。例如分销商想降低成本就得降低分销产品数量，从而导致客户服务区的满意度降低。所以一般情况下对于优化问题(5-13)，由于相互矛盾的约束可能会导致无可行解。这时应该在满足上层满意度要求的前提下，下层满意度值应尽量接近给定的满意度值。这时可将上述优化问题转化为：

$$\min \quad \kappa \tag{5-14}$$

$$s.t.\begin{cases}u_0(f_0) \geqslant \delta_0,\delta_j-u_j(f_j) \leqslant \kappa(j=1,2,3,\cdots,n') \\ x \in X \mid \kappa \mid < 1\end{cases}$$

(4) 上层决策者给出上下层满意度比值合理范围

上层满意度值大，导致下层满意度值降低，这样两层决策者之间的整体满意平衡可能被破坏，不利于供应链长期稳定运作。为此上层决策者给出下层满意度值与上层满意

度值比值合理范围 $\tilde{\Delta} \in [\Delta_l, \Delta_u]$。在求解优化模型(5-14)后，计算下层满意度值和上层满意度值 $\Delta_j (j=1,2,\cdots,n')$，

$$\Delta_j = \frac{u_j(f_j)}{u_0(f_0)} \tag{5-15}$$

(a) 如果计算 $\Delta_{min}(\Delta_{min}=\min(\Delta_j, j=1,2,\cdots,n')$ 和 $\Delta_{max}(\max(\Delta_j, j=1,2,\cdots,n'))$，如果 $\Delta_{min} > \Delta_l$ 和 $\Delta_{max} < \Delta_u$，解优化问题(5-14)得出的有效解就是最终的有效解。

(b) $\Delta_{min} > \Delta_u$，则上层满意度期望值依次提高 1%，再解优化问题(5-14)，直至 $\Delta_{min} \in [\Delta_l, \Delta_u]$。

(c) 如果 $\Delta_{max} < \Delta_l$，则上层满意度期望值依次降低 1%，再解优化问题(5-14)，直至 $\Delta_{max} \in [\Delta_l, \Delta_u]$。

(d) $\Delta_{max} > \Delta_u$ 和 $\Delta_{min} < \Delta_l$，对于 $j \in V_1 = \{j \mid \Delta_j > \Delta_u \mid\}$，则降低 δ_j 至 $\delta_j^1 = u_0(f_0) \cdot \Delta_u \wedge \delta_j$，对于 $j \in V_2 = \{j \mid \Delta_j < \Delta_l \mid\}$，则提高 δ_j 至 $\delta_j^1 = u_0(f_0) \cdot \Delta_l$，再解优化问题(5-16)，

$$\max \quad u_0(f_0) \tag{5-16}$$

$$s.t.\ \delta_j \leqslant u_j(f_j)(j \notin V_1 \, and \, V_2), u_0(f_0) \cdot \Delta_u \wedge \delta_j \leqslant u_j(f_j)(j \in V_1),$$

$$u_0(f_0) \cdot \Delta_l \leqslant u_j(f_j)(j \in V_2), x \in X。$$

(e) 如果优化问题(5-16)有可行解则转入第(a)步。

(f) 如果优化问题(5-16)没有可行解，则上层满意度期望值依次降低 1%，再解优化问题(5-14)，再转入第(a)步，直至对任意 $\Delta_j (j=1,2,\cdots,n')$，有 $\Delta_j \in [\Delta_l, \Delta_u]$。

5.4 在合作伙伴精选及最优任务分配中的应用 (Applications to Final Partner Selection and Optimal Task Allocation in ASC)

5.4.1 目标函数

假设供应链网络中所有节点企业的地点位置已知，网络如图 5-1 所示。不考虑运输、生产、分销过程中的提前期和延迟。由于本专著考虑的是一个三级供应链网络，决策参数很多，并且有的是整数变量，有的是 0-1 变量，因此是个混合整数规划问题。混合整数规划问题在 LINGO 软件中采用分支定界法求解，分支定界法是先求解整数规划相应的线性规划问题，如果最优解不符合整数条件，则求出整数规划的上下界用增加约束条

件的方法，并把相应的线性规划的可行域分成子区域，再求解这些子区域上的线性规划问题。计算过程比一般的线性规划要复杂得多。如果考虑非线性因素，例如制造企业的运行成本应该和加工产品数有关，产品的价格应该和订货量多少有关，即价格折扣问题，则优化问题变为非线性混合整数规划问题。理论上 LINGO 软件也能解决，但花费的时间太长甚至会陷入死循环而得不出最优解。所以本专著没有考虑非线性因素，而都近似地简化为线性规划问题。

盟主处于协调中心的上层，优化目标是期望整条供应链的成本最低，目标函数如式(5－17) 所示；制造协调中心期望制造过程成本最低，目标函数如式(5－18) 所示；分销协调中心期望分销成本最低，目标函数如式(5－19) 所示；客服服务区期望最大限度满足客服需求，目标函数如式(5－20) 所示。

$$\min f_0=\sum_{i\in I}\sum_{j\in J}(\tilde{P}r_i\cdot x_{ij})+\sum_{i\in I}\sum_{j\in J}(\tilde{C}o_{ij}\cdot x_{ij})+\sum_{j\in J}\sum_{k\in K}(\tilde{C}o_{jk}\cdot y_{jk})+\sum_{k\in K}\sum_{l\in L}(\tilde{C}o_{kl}\cdot z_{kl})+\sum_{j\in J}(\tilde{C}o_{men_j}\cdot Bin_{m_j})+\sum_{k\in K}(\tilde{C}o_{den_k}\cdot Bin_{d_k}) \tag{5-17}$$

$$\min f_1=\sum_{i\in I}\sum_{j\in J}(\tilde{P}r_i\cdot x_{ij})+\sum_{i\in I}\sum_{j\in J}(\tilde{C}o_{ij}\cdot x_{ij})+\sum_{j\in J}(\tilde{C}o_{mop_j}\cdot Bin_{m_j})+\sum_{j\in J}(\tilde{C}o_{men_j}\cdot Bin_{m_j}) \tag{5-18}$$

$$\min f_2=\sum_{j\in J}\sum_{k\in K}(\tilde{C}o_{jk}\cdot y_{jk})+\sum_{k\in K}\sum_{l\in L}(\tilde{C}o_{kl}\cdot z_{kl})+\sum_{k\in K}(\tilde{C}o_{dop_k}\cdot Bin_{d_k})+\sum_{k\in K}(\tilde{C}o_{den_k}\cdot Bin_{d_k}) \tag{5-19}$$

$$\max f_3=\sum_{k\in K}\sum_{l\in L}z_{kl}/\sum_{l\in L}\tilde{D}em_l \tag{5-20}$$

模型中参数含义如下：

下标 i 表示供应商，I 供应商集合 $i\in I$，下标 j 表示制造企业，J 制造企业集合 $j\in J$，下标 k 表示分销商，K 分销商集合 $k\in K$，l 表示客服服务区，L 客服服务区集合 $l\in L$。$\tilde{P}r_i$ 表示第 i 个供应商供应原材料价格(Price)。$\tilde{C}o_{ij}$、x_{ij} 分别表示原材料从供应商 i 运输到制造企业 j 的单件成本(Cost) 和数量，$\tilde{C}o_{jk}$、y_{jk} 分别表示产品从制造企业 j 运输到分销中心 k 的单件运输成本和数量，$\tilde{C}o_{kl}$、z_{kl} 分别表示产品从分销中心 k 运输到客服服务区 l 的单件运输成本和数量。$\tilde{C}o_{men_j}$、$\tilde{C}o_{den_k}$ 分别表示制造企业 j、分销商 k 的启用(Enable) 成本。$\tilde{C}o_{mop_j}$、$\tilde{C}o_{dop_k}$ 分别表示表示制造企业 j、分销商 k 一个计划周期内运行(Operation) 成本。$\tilde{D}em_l$ 表示客服服务区 l 一个计划周期内的产品需求量(Demand)。$Bin_{m_j}\in\{0,1\}$(Binary，二进制)，$Bin_{m_j}=0$，制造企业不启用，$Bin_{m_j}=1$ 制造企业启用；$Bin_{d_k}\in\{0,1\}$，$Bin_{d_k}=0$，分销商不启用，$Bin_{d_k}=1$ 分销商启用。

5.4.2 约束条件

(1) 物料平衡约束

任一制造企业购买原材料的数量应大于或等于生产产品的数量与每一件产品所消耗原材料数量的积

$$\sum_{i\in I} x_{ij} \geqslant Num \cdot \sum_{k\in K} y_{jk} \quad \forall j \in J \tag{5-21}$$

Num 表示生产一件产品所需消耗原材料的数量(Num ber)。

(2) 产品平衡约束

制造企业向任一分销商运输的产品应大于或等于该分销商分销出去的产品数量。

$$\sum_{j\in J} y_{jk} \geqslant \sum_{l\in L} z_{kl} \quad \forall k \in K \tag{5-22}$$

(3) 供应商供应能力约束

$$\sum_{j\in J} x_{ij} \leqslant \widetilde{Ca}_{s_i} \cdot Bin_{s_i} \quad \forall i \in I \tag{5-23}$$

$\widetilde{Ca}_{s_i}$ 供应商 i 在一个计划周期内的最大供应能力(Capa bility),$Bin_{s_i} \in \{0,1\}$,$Bin_{s_i}=1$,该供应商启用,$Bin_{s_i}=0$,该供应商不启用。

(4) 生产商生产能力约束

$$\sum_{k\in K} y_{jk} \leqslant \widetilde{Ca}_{m_j} \cdot Bin_{m_j} \quad \forall j \in J \tag{5-24}$$

$\widetilde{Ca}_{m_j}$ 制造企业在一个计划周期内最大生产能力。

(5) 分销商分销能力约束

$$\sum_{l\in L} z_{kl} \leqslant \widetilde{Ca}_{d_k} \cdot Bin_{d_k} \quad \forall k \in K \tag{5-25}$$

$\widetilde{Ca}_{d_k}$ 分销商在一个计划周期内最大分销能力。

(6) 客户需求约束

$$\widetilde{Dem}_{l\min} \leqslant \sum_{k\in K} z_{kl} \leqslant \widetilde{Dem}_{l\max} \quad \forall l \in L \tag{5-26}$$

$\widetilde{Dem}_{l\max}$、$\widetilde{Dem}_{l\min}$ 分别表示客服服务区 l 一个计划周期内的产品得最大(Maxim um) 和最小(Minim um) 需求量。

(7) 变量约束

$x_{ij} \geqslant 0$、$y_{jk} \geqslant 0$、$z_{kl} \geqslant 0$ 且是整数,Bin_{s_i}、Bin_{m_j}、$Bin_{d_k} \in \{0,1\}$。

该优化问题的是在上述约束前提下合理确定决策整数型参数 x_{ij}、y_{jk}、z_{kl} 和 0－1 变量 Bin_{s_i}、Bin_{m_j}、$Bin_{d_k} \in \{0,1\}$ 的值,使各协调中心的目标尽量满足。用 X 表示上述约束条件所确定的可行域，即 $x_{ij}, y_{jk}, z_{kl}, Bin_{s_i}, Bin_{m_j}, Bin_{d_k} \in X$。

5.4.3 算例分析(Case study)

假设经过初选已从众多的待选伙伴中分别为供应商、制造商、分销商选择出3个合作伙伴，要给3个客服服务区供给产品。首先进行市场调查研究确定模型中参数值，不确定性参数则用梯形模糊数表达，然后利用式(3-12)转化为精确值。为了节省篇幅。本实例中的数据都是经过去模糊化后的精确值表示。假设制造一件产品需消耗原材料的数量 $Num=3$，其他数据列于表 5-1 中。本算例的计算都是在 LINGO13.0 软件中进行。LINGO 是美国 LINDO 系统公司开发的求解数学规划系列软件中的一个，它的主要功能是求解大型线性、非线性和整数规划问题，可直接将模型按类似于数学公式的形式输入，具有输入模型简练直观的特点[234]。

5.4.3.1 建立满意度函数

在可行域范围内单独求解目标函数 f_0, f_1, f_2, f_3 的极大值和极小值，分别记为 $f_j^{\min}$，$f_j^{\max}(j=0,1,2,3)$ 结果列于表 5-2 中，并且各优化解不一致，说明不存在绝对最优解，只能求解非劣解。对目标函数 f_0, f_1, f_2 由于属于极小型按照式(5-9) 建立满意度函数。对目标函数 f_3 由于属于极小型按照式(5-10) 建立满意度函数。

表 5-1 模型参数值

Co_{ij}	$j=1$	$j=2$	$j=3$	Ca_{s_i}	Pr_i	Co_{jk}	$k=1$	$k=2$	$k=3$	Co_{kl}	$l=1$	$l=2$	$l=3$
$i=1$	5	8	4	1000	10	$j=1$	9	7	6	$k=1$	3	5	6
$i=2$	6	7	5	800	8	$j=2$	5	10	7	$k=2$	8	9	7
$i=3$	4	5	6	900	6	$j=3$	8	3	10	$k=3$	6	8	6
Ca_{m_j}	250	260	300	\	\	Ca_{d_k}	160	120	180	$Dem_{l\max}$	120	150	125
Co_{mop_j}	20	50	45	\	\	Co_{mop_k}	30	45	35	$Dem_{l\min}$	10	20	10
Co_{men_j}	210	320	230	\	\	Co_{men_k}	80	60	70	\	\	\	\

5.4.3.2 协商确定各目标函数满意度期望值

求解模糊规划(5-12) 得出各目标函数的满意度，记为 $u_j^1(f_j)(j=0,1,2,3)$，上标 1 表示第一次得出满意度值。上、下层在参考极小极大法求得的满意度的基础上，经过协商确定各目标的满意度为：$\delta_0=0.85, \delta_1=0.75, \delta_2=0.80, \delta_3=0.70$，模糊规划(5-13) 无可行解。确定下层最小满意度值与上层满意度值比值的合理范围为 $\tilde{\Delta}=[0.65, 0.90]$。求解模糊规划(5-14) 得出各目标函数的满意度值 $u_j^2(f_j)(j=0,1,2,3)$，结果列于表 5-2 中。

表 5-2 交互双层模糊规划计算结果

目标函数	f_j^{max}	f_j^{min}	$u_j^1(f_j)$	$u_j^2(f_j)$	$u_j^3(f_j)$	$u_j^4(f_j)$	f_j^{sd}
f_0	52980	2000	0.7504	0.8506	0.8421	0.8339	10468
f_1	42875	1430	0.7432	0.7510	0.7434	0.7385	8206
f_2	11080	500	0.7442	0.7266	0.7152	0.7039	2574
f_3	1.0000	0.1030	0.7432	0.5061	0.5343	0.5625	0.6076

5.4.3.3 交互决策过程

根据 $u_j^2(f_j)(j=0,1,2,3)$ 结果可计算下层满意度值与上层满意度值的比值的最小值为 $\Delta_{min}=\Delta_3=0.5061/0.8506=0.5950$，$\Delta_3<\Delta_l$；$\Delta_{max}=\Delta_1=0.7510/0.8506=0.8829$，$\Delta_1<\Delta_u$。将下层目标函数 f_3 的满意度期望值提高至 $\delta_3^1=\Delta_l\cdot u_0(f_0)=0.65\times0.8506=0.5529$，求解模糊规划(5-16)，结果无可行解。将上层满意度值期望值降低 1%，即 $\delta_0^1=0.99\times0.8506=0.8421$，解模糊规划(5-14)得出各目标函数的满意度值 $u_j^3(f_j)(j=0,1,2,3)$，结果列于表 5-2 中。此时 $\Delta_3=\Delta_{min}=0.5343/0.8421=0.6421$，仍然小于 Δ_l，$\Delta_1=\Delta_{max}=0.7434/0.8421=0.8740$，$\Delta_1<\Delta_u$。将下层目标函数 f_3 的满意度期望值提高至 $\delta_3^2=\Delta_l\cdot u_0(f_0)=0.65\times0.8421=0.5474$，求解模糊规划(5-16)，结果无可行解。将上层满意度值再降低 1%，即 $\delta_0^2=0.99\times0.8421=0.8339$，再解模糊规划(5-14)出各目标函数的满意度值 $u_j^4(F_j)(j=0,1,2,3)$，结果列于表 5-2 中。此时 $\Delta_{min}=\Delta_3=0.6745$，$\Delta_3\in[0.65,0.90]$，$\Delta_{max}=\Delta_1=0.8856$，$\Delta_1\in[0.65,0.90]$，得到了上下层均可接受的可行解。交互决策结果的目标函数值记为 f_j^{sd}，列于表 5-2 中。最终决策参数优化取值如图 5-4 所示。

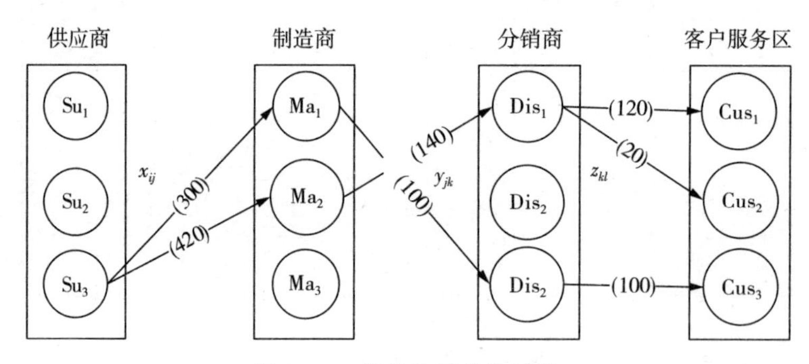

图 5-4 最终决策参数结果

5.5 本章总结（Summary）

本章建立了一个从供应 → 制造 → 分销 → 客户的三级供应链网络优化数学模型，提出一种交互双层模糊规划求解算法，解决了合作伙伴精选及最优任务的分配问题。相比于集中决策方式，本章提出的方法兼顾了上下层各自的利益需求，相比于智能优化方法，本专著直接利用LINGO软件求解，计算方便。进一步的研究方向总结如下：

（1）根据决策背景本专著考虑的决策目标是成本最低和客户满意度最高。在实际决策中根据决策的背景不同还应该考虑其他决策目标，例如利润最大化、产品质量最高、交货期准时率等。

（2）本章只是采用的是线性隶属度函数，即只需决策者确定最大满意度值和最小满意度值对应的目标函数值。如果决策者愿意并且能够提供更多的满意度值，则可采用文献[235]提出的含分段线性隶属函数的模糊规划建模方法。如果决策者不愿意采用线性隶属度函数，则可采用文献[236]提出的其他非线性隶属度函数确定满意度。

（3）本章中只考虑了采购一种原料加工一种产品。而实际供应链模型中往往是采购多种原料加工多种产品。同样可以采用本专著提出的方法进行优化，只不过决策参数更多，数学模型更加复杂，计算时间更长。

6 总结和展望

6.1 总结(Summary)

本专著阐述模糊多准则决策的相关概念及机械制造过程中应用模糊多准则决策的必要性,综合分析了不确定性决策及其在机械制造过程中的应用研究现状,开展了模糊多准则决策在机械制造过程中的材料选择、工艺参数优化、合作伙伴初选、精选及最优任务分配中的研究。本专著研究工作的主要结论总结如下:

(1) 研究了混合环境下属性值规范化方法。在属性集中如果定量属性占多数,则可采用计算两区间数之间的距离的方法将不同类型属性值规范化为精确实数;如果定性属性占多数,则可采用最大化最小隶属度函数的方法将不同类型的属性值规范化为标准语言评价集中的模糊语言值。将不同粒度的模糊语言一致化的方法中,应用结果表明基于隶属度函数的不同粒度模糊语言一致化方法提高了捕捉决策者所提供的信息的完备性,因而优于基于术语指标的计算方法。机械制造过程决策中,不管专家根据自己的偏好给出何种类型的属性值,都能采用本专著的方法将其规范化,从而增强了多准则决策处理问题的适应范围。

(2) 研究了两种处理属性关联问题的方法:网络分析法和模糊测度模糊积分方法。提出了一种通过交互式方法直接构造一致性判断矩阵的方法,应用结果表明该方法不仅能够充分捕捉决策者的思维过程,而且计算过程简单,并且无须进行一致性检验。论述了模糊测度、默比乌斯变化和关联系数三者之间的转换关系,推导出一般模糊测度Marichal熵在2-可加模糊测度下的表达式,提出了基于最大熵原则的2-可加模糊测度确定方法。机械制造过程决策中,不管属性或专家之间存在何种关联关系,都能采用本专著的方法将其蕴含于决策信息处理过程中。

(3) 研究了两种属性值集结方法:基于关联的偏好顺序结构评估法(PROMETHEE)、基于关联的二元语义混合加权几何平均算子(ET-RHWGA)。应用结果表明,基于关联的偏好顺序结构评估法能够克服多属性效用方法存在的决策补偿效应，基于关联的二元语义混合加权几何平均算子该方法不仅能够捕捉属性或专家之间的关联性而且能够弱化不合理数据的影响；从而提高了决策的准确性。

(4) 通过单因素实验得到对考察指标有重要影响的工艺参数，利用均匀实验设计安排实验方案并得到实验结果。采用模糊推理将多个考察指标(尺寸精度、翘曲变形、加工时间)转化为一个综合性能指标。采用响应面的方法建立起四个控制因子和综合性能指标之间的数学模型，利用遗传算法工具箱求解得出最佳的控制因子参数值，并进行了实验验证。应用结果表明，均匀实验设计方法能够适用于多因素多水平的实验条件；在样本数量有限的情况下，采用多项式响应面的预测精度并不比采用神经网络的预测精度差；该方法的基本思想对任何机械制造过程中的工艺参数优化都适用。

(5) 建立了敏捷供应链优化的数学模型，在分析了模糊规划的各种求解方法的基础上，提出了一种交互双层模糊规划方法，并将该方法应用于合作伙伴精选中，得到最终精选的合作伙伴及确定了最优任务的分配。应用结果表明该方法兼顾了上下层各自的利益需求，经过上下层决策者的反复交互协商，可得到上下层决策者均可接受的妥协优化解。

6.2　主要创新点(Innovations)

本专著主要研究面向机械制造过程的模糊多准则决策方法及应用，本专著在应用模糊多准则决策方法的同时，发展和丰富了模糊多准则决策方法，归纳起来，本专著的主要创新点为：

(1) 提出了一种通过交互式方法直接构造一致性判断矩阵的方法。使用该方法决策者可在反复比较中不断修正自己的主观偏好信息，使主观偏好信息不断趋于一致化，并将其应用于机械制造过程中的材料决策中，提高了使用基于关联的偏好顺序结构评估法(PROMETHEE)中权重确定的准确性。

(2) 提出了基于关联的二元语义混合加权几何平均算子(ET－RHWGA)，该算子是对混合加权几何平均算子的拓展：一是由精确值信息拓展到模糊语言信息，二是由属性独立拓展到属性关联。在合作伙伴初选群决策中，将该算子应用于集结各专家的偏好为群体偏好值，不仅能够灵活地处理专家之间可能存在的各种关联关系，还能有效地克服了专家不合理赋值的影响。

(3) 推导出一般模糊测度Marichal熵在2－可加模糊测度下的表达式，提出了基于最大熵原则的2－可加模糊测度确定方法，提高了决策过程中模糊测度确定的准确性和可靠性。

(4) 提出了一种交互双层模糊规划方法，将该算法应用于敏捷供应链合作伙伴精选及最优任务分配中，通过上下层决策者的相互协商沟通，最终得到上下层决策者都认可的满意度值。

6.3 研究展望(Extensions for Future Work)

本专著在将模糊多准则决策方法应用于机械制造过程中取得了一些研究成果，但由于问题的复杂性和作者知识的局限性，仍有许多问题没有涉及或研究得不够深入，具体有以下几方面的问题需进一步探讨研究。

(1) 从面向机械制造过程看

通过对应用问题背景的深度了解，使模型参数值的确定经得起实践的检验，通过实际应用反馈进一步修改完善本论文提出的算法。本专著提出的算法对于一般管理人员来讲可能略显复杂，今后的一个重要研究方向是多准则决策的软件化，通用性较强的多准则决策支持系统的开发、应用。这样的话，企业管理者即使没有掌握很多决策优化知识也能方便地利用本论文研究成果进行决策优化。

(2) 从模糊多准则决策方法看

首先，本论文的属性值表达只是运用普通的三角或梯形模糊数，下一步的研究思路是研究区间模糊数、直觉模糊数的运算法则、性质、排序方法、集结算子等，进而研究其在机械制造过程中的应用。另外对于同一个问题，往往有很多种决策优化方法可采用，有的文献采用这种方法，有的文献又采用另外一种方法，所得出的结论也有所差别，如何根据决策背景确定最佳的决策方法是下一步的一个重要研究方向。

其次，本论文的研究尚未涉足灵敏度分析问题，灵敏度分析是在建立数学模型和求得最优解后，研究数学模型的系数，例如成本、价格，对最优解的影响。有了灵敏度分析就知道参数值在某个范围内变化，最优解是怎样变化的，从而就知道模型求解值的可靠性。而且基于关联决策问题的灵敏度分析较不考虑关联的决策问题的灵敏度分析复杂得多。所以对决策结果的灵敏度分析是今后的一个重要研究方向。

参考文献

[1] 王隆太．先进制造技术[M]．北京:机械工业出版社,2003,7.

[2] 赵明光．企业联盟生命周期服务系统及其应用性关键技术研究[D]．南京:东南大学,2005,12.

[3] 王正成．网络化制造资源集成平台若干关键技术研究与应用[D]．杭州:浙江大学,2009,12.

[4] 谭显春,刘飞,曹华军．绿色制造的一种工艺路线决决策模型及其求解算法[J]．机械工程学报,2004,40(4):154—159.

[5] 彭安华．FDM快速成型关键技术的研究[D]．扬州:扬州大学,2008,6.

[6] 仲智刚．敏捷供应链中若干关键技术问题研究[D]．杭州:浙江大学,2001,4.

[7] Hartmut Stadtler. Supply chain management and advanced planning-basics, overview and challenges[J]. European Journal of Operational Research,2005,163(3):575—588.

[8] 杨叔子,丁洪．机械制造的发展及人工智能的应用[J]．机械工程,1988,1:32—34.

[9] 彭安华,肖兴明．区间数多属性决策中属性值规范化方法[J]．机械设计与研究,2011,27(6):5—8.

[10] Xu Zeshui. Intuitionistic Fuzzy Aggregation and Clustering[M]. Berlin Heidelberg:Springer-Verlag,2013,4.

[11] Xu Zeshui. Intuitionistic Fuzzy Preference Modeling and Interactive Decision Making[M]. Berlin Heidelberg:Springer-Verlag,2013,6.

[12] 王坚强．几类信息不完全确定的多准则决策方法研究[D]．长沙:中南大学,2005,6.

[13] 卫贵武．基于模糊信息的多属性决策理论与方法[M]．北京:中国经济出版社,2010,6.

[14] 裴植．模糊多属性决策方法及其在制造业中的应用研究[D]．北京:清华大学,

2011,6.

[15] 张天云．工程材料综合评价系统研究与实现[D]．兰州：兰州理工大学，2008,12.

[16] 刘思峰．灰色系统理论的产生、发展及前言动态[J]．浙江万里学院学报，2003,16(4):14－17.

[17] 郭亚军．综合评价理论、方法及应用[M]．北京：科学出版社，2007,5.

[18] 徐泽水．不确定多属性决策方法及应用[M]．北京：清华大学出版社，2000,6.

[19] Shi-Ming Chen, Jim-Ho Chen. Fuzzy risk analysis based on similarity measures between interval-valued fuzzy numbers and interval-valued fuzzy number arithmetic operators[J]. Expert Systems with Applications,2009,36:6309－6317.

[20] Shi-Jay Chen, Shyi-Ming Chen. Fuzzy risk analysis based on measures of similarity between interval-valued fuzzy numbers[J]. The International Journal of Computers and Mathematics with Applications,2008,55:1670－1685.

[21] Atanassov K. Intuitionistic fuzzy sets[J]. Fuzzy Sets and Systems,1996,79:403－405.

[22] Bustince H,Burillo P. Vague sets are intuitionistic fuzzy sets[J]. Fuzzy Sets and Systems,1996,79(3):403－405.

[23] Deng-Feng Li. Linear programming method for MADM with interval-valued intuitionisitc fuzzy sets[J]. Expert Systems with Applications,2010,37:5939－5945.

[24] 汪利，邹慧君．机械运动方案的三级模糊综合评价[J]．机械设计与研究，1998,14(1):9－11.

[25] 彭安华．Vague集的相似度量分析在材料选择中的应用[J]．煤矿机械，2006,27(6):891－893.

[26] 卫贵武．对方案有偏好的区间直觉模糊多属性决策方法[J]．系统工程与电子技术，2009,31(1):116－121.

[27] 徐泽水．直觉模糊偏好信息下的多属性决策途径[J]．系统工程理论与实践，2007,(11):62－71.

[28] 万树平．直觉模糊多属性决策方法综述[J]．控制与决策，2010,25(11):1601－1606.

[29] 王坚强．模糊多准则决策研究方法综述[J]．控制与决策，2008,23(6):601－606.

[30] Zeshui Xu. Linguistic decision making: theory and methods[M]. Beijing: Science Press,2012,6.

[31] 廖貅武，李恒，董广茂．一种处理语言评价信息的多属性群决策方法[J]．系统

工程理论与实践,2006,(9):90－98.

[32] Zeshui Xu. Uncertain linguistic aggregation operators based approach to multiple attribute group decision making under uncertain linguistic environment[J]. Information Science,2004,168:171－184.

[33] 刘思峰,党耀国,方志耕等．灰色系统理论及其应用(第3版)[M]. 北京:科学出版社,2004.

[34] 李牧军．1992－2001年我国灰色系统理论的应用研究进展[J]. 系统工程,2003,21(5):8－12.

[35] 陈华友,吴涛,许义生．灰关联空间与灰关联度计算的改进[J]. 安徽大学学报(自然科学版),1999,23(4):1－4.

[36] 刘思峰,谢乃明等．基于相似性和接近度视角的新型灰色关联分析模型[J]. 系统工程理论与实践,2010,30(5):881－887.

[37] 王靖程,诸文智,张彦斌．基于面积的改进灰关联度算法[J]. 系统工程与电子技术,2010,32(4):777－779.

[38] 党耀国,刘思峰,刘斌等．多指标区间数关联决策模型研究[J]. 南京航空航天大学学报,2004,36(3):403－406.

[39] 党耀国,刘思峰,刘斌等．基于动态多指标灰色关联决策模型的研究[J]. 中国管理科学,2005,7(2):69－72.

[40] H. S. Lu,C. K. Chang,N. C. Hwang,C. T. Chung. Grey relational analysis coupled with principal component analysis for optimization design of cutting parameters in high-speed end milling[J]. Journal of Materials Processing Technology,2009,209:3808－3817.

[41] 彭安华．基于灰关联度分析的FDM工艺参数优化研究[J]. 机械科学与技术,2010,29(5):625－629.

[42] 贾振元,周明,杨连文等．电火花微小加工工艺参数的优化研究[J]. 机械工程学报,2003,39(2):106－112.

[43] 贾振元,顾丰,王福吉等．基于信噪比与灰关联度的电火花微小孔加工工艺参数优化[J]. 机械工程学报,2007,43(7):63－67.

[44] 李俭,孙才新,陈伟根等．灰色聚类与模糊聚类集成诊断变压器内部故障的方法研究[J]. 中国电机工程学报,2003,23(2):112－115.

[45] 刘琦,陈琼,韦司滢．基于多层次灰色关联度的知识联盟伙伴选择模型[J]. 华中科技大学学报(自然科学版),2004,32(7):53－56.

[46] 崔杰,党耀国,刘思峰．基于灰色关联度求解指标权重的改进方法[J]. 中国管理科学,2008,16(5):141－145.

[47] 赵克勤．集对分析及其初步应用[M]．杭州：浙江科学技术出版社，2000，3.

[48] 刘保相．粗糙集对分析理论与决策模型[M]．北京：科学出版社，2010，11.

[49] 蒋云良，徐从富．集对分析理论及其应用研究进展[J]．计算机科学，2006，33(1)：205－209.

[50] 王文圣，金菊良，李跃清．基于集对分析的自然灾害风险度综合评价[J]．四川大学学报(工程科学版)，2009，41(6)：6－12.

[51] 卢敏，张展羽，石月珍．集对分析法在水安全评价中的应用研究[J]．河海大学学报(自然科学版)，2006，34(5)：505－508.

[52] 叶跃祥，糜仲春，王宏宇．一种基于集对分析的区间数多属性决策方法[J]．系统工程与电子技术，2006，28(9)：1344－1347.

[53] 汪新凡，杨小娟．基于联系数贴近度的区间多属性决策方法[J]．数学的实践与认识．2008，38(3)：16－22.

[54] 刘秀梅，赵克勤，王传斌．基于联系数的三角模糊多属性决策新模型[J]．系统工程与电子技术，2009，31(10)：2399－2403.

[55] M. R. Su，Z. F. Yang，B. Chen. Set pair analysis for urban ecosystem health assessment[J]. Communications in Nonlinear Science and Numerical Simulation，2009，14：1773－1780.

[56] WANG Wensheng，JIN Juliang，DING Jing，et al. A new approach to water resources system assessment-set pair analysis method[J]. Science inChina Series E：Technological Sciences，2009，52(10)：3017－3023.

[57] Jianfeng Zhou. SPA-fuzzy method based real-time risk assessment for major hazard installation storing flammable gas[J]. Safety Science，2010，48：819－822.

[58] Yue Rui，Wang Zhong-Bin，Peng An-Hua. Multi-attribute group decision making based on set pair analysis[J]. International Journal of Advancements in Computing Technology，2012，4(10)：205－213.

[59] 任剑，高阳，王坚强等．随机多准则决策的 PROMETHEE 方法[J]．管理学报，2009，6(10)：1319－1322.

[60] 任剑，王坚强．证据推理的随机多属性决策方法[J]．统计与决策，2007，3(总第 233 期)：51－52.

[61] 黄广龙，余忠华，吴昭同．基于证据推理与粗集理论的主客观综合评价方法[J]．中国机械工程，2001，12(8)：930－934.

[62] 曹秀英，梁静国．基于粗糙集理论的属性权重确定方法[J]．中国管理科学，2002，10(5)：98－100.

[63] 程钧谟，綦振法，徐福缘等．粗糙集理论与其他不确定理论的比较分析[J]．山

东理工大学学报(自然科学版),2004,18(4):7—11.

[64] 李德毅,刘常昱．论正态云模型的普适性[J]．中国工程科学,2004,6(8):28—34.

[65] 罗赟骞,夏靖波,陈天平．基于云模型和熵权的网络性能综合评估模型[J]．重庆邮电大学学报,2009,21(6):771—775.

[66] 张国英,沙云,刘旭红等．高维云模型及其在多属性评价中的应用[J]．北京理工大学学报,2004,24(1):1065—1069.

[67] 宋远骏,李德毅,杨孝宗等．电子产品可靠性的云模型评价方法[J]．电子学报,2000,28(12):74—76.

[68] 闻丹岩,夏国平．运用云模型的虚拟组织合作伙伴选择[J]．工业工程,2010,13(5):29—34.

[69] 徐维祥,张全寿．一种基于灰色理论和模糊数学的综合集成算法[J]．系统工程理论与实践,2001,(4):114—119.

[70] 苏洪潮,王金根．一种灰色模糊综合评判模型[J]．系统工程与电子技,1997,(7):48—51,72.

[71] 罗党,刘思峰．一类灰色模糊决策问题的熵权分析方法[J]．中国工程科学,2004,6(10):48—51.

[72] 卜广志,张宇文．基于灰色模糊关系的灰色模糊综合评价[J]．系统工程理论与实践,2002,4:141—144.

[73] 张斌．多目标系统决策的模糊集对分析方法[J]．系统工程理论与实践,1997,17(12):108—114.

[74] 张平,黄德才．基于联系度的 Rough 集[J]．杭州电子工业学院学报,2001,21(1):50—54.

[75] 张平,黄德才．基于 Rough 集联系度的决策表简化方法[J]．浙江工业大学学报,2002,30(1):5—8.

[76] 郭启雯,才鸿年,王富耻等．材料数据库系统在选材评价中的综合应用研究[J]．材料工程,2012,(1):1—4.

[77] 罗佑新,郭惠昕,张龙庭等．材料选择的灰色局势决策方法及应用[J]．现代制造工程,2003,9:10—12.

[78] 武仪,李新城,朱伟兴．基于神经网络的混合智能型齿轮选材专家系统研究[J]．现代制造工程,2003,8:29—31.

[79] 陈蕴博,岳丽杰．机械工程材料优选方法的研究现状[J]．机械工程学报,2007,43(1):19—24.

[80] 张天云,杨瑞成,陈奎．基于区分度定量分析工程材料评价指标[J]．材料科学

与工艺,2009,17(4):514.

[81] Chiner M. Planning of expert systems for material selection[J]. Materials and Design,1988,9:195-203.

[82] 黄海鸿,刘光复,刘志峰等. 绿色设计的材料选择多目标决策[J]. 机械工程学报,2006,42(8):131-136.

[83] Chang-Chun Zhou,Guo-Fu Yin,Xiao-Bing Hu. Multi-objective optimization of material selection for sustainable products: Artificial neural networks and genetic algorithm approach[J]. Materials and Design,2009;30:1209-1215.

[84] R. Sarfaraz Khabbaz,B. Dehghan Manshadi,et al. A Simplified Fuzzy Logic Approach for Material Selection in Mechanical Engineering Design[J]. Materials and Design,2009,30:687-697.

[85] Kuo-Ping Lin, Hung-Pin Ho, et al. Combining fuzzy weight average with fuzzy inference system for material substitution selection in electric industry[J]. Computers & Industrial Engineering,2012;62:1034-1045.

[86] 蓝元沛,孟庆春,李峰等. 基于多属性效用理论的飞机设计选材方法[J]. 航空材料学报,2010,30(3):88-94.

[87] Ali Jahan, Marjan Bahraminasab, K. L. Edwards. A target-based normalization technique for materials selection[J]. Materials and Design,2012;35:647-654.

[88] K. Fayazbakhsh,A. Abedian,et al. Introducing a novel method for materials selection in mechanical design using Z-transformation in statistics for normalization of material properties[J]. Materials and Design,2009;30:4396-4404.

[89] B. Dehghan Manshadi, H. Mshmudi, A. Abedian, R. Mahmudi. A novel method for materials selection in mechanical design: Combination of non-linear normalization and a modified digital logic method[J]. Materials and Design,2007;28:8-15.

[90] Kalpesh Maniya, M. G. Bhatt. A selection of material using a novel type decision making method:Preference selection index method[J]. Materials and Design, 2010;31:1785-1789.

[91] R. V. Rao, B. K. Patel. A subjective and objective integrated multiple attribute decision making method for material selection[J]. Materials and Design,2010; 31:4738-4747.

[92] Prasenjit Chatterjee, Vijay Manikrao Atgawale, Shankar Chakraborty. Materials selection using complex proportional assessment and evaluation of mixed data

methods[J]. Materials and Design,2011;32:851－860.

[93] Kadir Clicek, Metin Celik. Multiple attribute decision-making solution to material selection problem based on modified fuzzy axiomatic design-model selection interface algorithm[J]. Materials and Design,2010;35:2129－2133.

[94] Kadir Clicek, Metin Celik. Selection of porous materials in marine system design: The case of heat exchanger aboard ships[J]. Materials and Design,2009;30:4260－4266.

[95] 颜永年,单永德．快速成型与铸造技术[M]. 北京:机械工业出版社,2004,8.

[96] 王军杰．光固化快速成型中零件支撑及制作方向的研究[D]. 西安:西安交通大学,2002,6.

[97] 彭安华,张剑锋．FDM工艺参数对制件精度影响的实验研究[J]. 淮海工学院学报(自然科学版),2008,17(1):21－24.

[98] 徐巍,凌芳．熔融沉积快速成型工艺的精度分析及对策[J]. 实验室研究与探索,2009,28(6):27－29,172.

[99] 彭安华,张剑锋．基于稳健设计的熔融堆积成形制造工艺参数的优化[J]. 兰州理工大学学报,2008,34(3):40－43.

[100] 孙春华．FDM成形件精度预测模型建立[J]. 机械科学与技术,2010,29(3):399－403.

[101] Anoop Kumar Sood, R. K. Ohdar, S. S. Mahapatra. Improving dimensional accuracy of fused deposition modeling processed part using grey Taguchi method[J]. Materials and Design,2009,30:4243－4253.

[102] 邹国林,郭东明,贾振元等．熔融沉积制造工业参数的优化[J]. 大连理工大学学报,2002,42(4):446－450.

[103] 贾振元,邹国林,郭东林等．FDM工艺出丝模型机补偿方法研究[J]. 中国机械工程,2002,13(23):1997－2000.

[104] R. Anitha, S. Arunachalam, P. Radhakrishnan. Critical parameters influencing the quality of prototypes in fused deposition modeling[J]. Journal of Materials Processing Technology,2001,118:385－388.

[105] B. H. Lee, J. Abdullah, Z. A. Khan. Optimization of rapid prototyping parameters for production of flexible ABS object[J]. Journal of Materials Processing Technology,2005,169:54－61.

[106] William Ho, Xiaowei Xu, Prasanta K. Dey. Multi-criteria decision making approaches for supplier evaluation and selection: A literature review[J]. European Journal of Operational Research,2010,202(1):16－24.

[107] 卢级华,李艳. 基于DEA/AHP的虚拟企业合作伙伴选择研究[J]. 东北大学学报(自然科学版),2008,29(11):1661—1664.

[108] 陈菊红,汪应洛,孙林岩. 虚拟企业伙伴选择过程及方法研究[J]. 系统工程理论与实践,2001,7:48—53.

[109] Mehdi Toloo,Soroosh Nalchigar. A new DEA method for supplier selection in presence of both cardinal and ordinal data[J]. Expert Systems with Applications, 2011,38:14726—14731.

[110] Ozcan Kilincci,Suzan Asli Onal. Fuzzy AHP approach for supplier selection in a washing machine company[J]. Expert Systems with Applications,2011,38:9656—9664.

[111] Amy H. I. lee,He-Yau Kang,Ching-Ter Chang. Fuzzy multiple goal programming applied to TFT-LCD supplier selection by downstream manufacturers[J]. Expert Systems with Applications,2009,36:6318—6325.

[112] 刘培德,关忠良. 基于熵权和PROMETHEE方法的供应链供应商选择决策[J]. 北京交通大学学报(社会科学版),2008,7(2):33—37.

[113] Tien-Chin Wang,Yueh-Hsiang Chen. Applying consistent fuzzy preference relations to partnership selection[J]. International Journal of Management Science, 2007,35:384—388.

[114] 廖貅武,唐焕文. 动态联盟中伙伴选择的证据推理方法[J]. 计算机集成制造系统, 2003,9(1):58—62.

[115] 张成考,聂茂林,吴价宝. 基于改进灰色评价的虚拟企业合作伙伴选择[J]. 系统工程理论与实践,2007,(11):54—61.

[116] Fei Ye,Yi-Na Li. Group multi-attribute decision model to partner selection in the formation of virtual enterprise under incomplete information[J]. Expert Systems with Applications,2009,36:9350—9357.

[117] 郑文军,张旭梅,刘飞等. 虚拟企业合作伙伴评价体系及优化决策[J]. 计算机集成制造系统,2000,6(5):63—67.

[118] Wu Chong, David Barness, Duska Rosenberg, et al. An analytic network process-mixed integer multi-objective programming model for partner selection in agile supply chains[J]. Production Planning & Control,2009,20(3):254—275.

[119] 王正成,潘晓弘,潘旭伟. 基于蚁群算法的网络化制造资源服务链构建[J]. 计算机集成制造系统,2010,16(1):174—181.

[120] Ibrahim A. Baky. Solving multi-level multi-objective linear programming problems through fuzzy goal programming approach[J]. Applied Mathematical

Modeling,2010,34(9):2377—2387.

[121] Masatoshi Sakawa,Ichiro Nishizaki. Interactive fuzzy programming for decentralized two-level linear programming problems[J]. Fuzzy Sets and Systems,2002,125(3):301—315.

[122] 章玲．基于关联的多属性决策分析理论及其应用研究[D]. 南京:南京航空航天大学,2007,6.

[123] Herrera F,Martinez L. A 2-tuple Fuzzy Linguistic Representation Model for Computing with Words[J]. IEEE Transactions on Fuzzy Systems,2000,8(12):746—752.

[124] Li D. F. , Wan S. P. Fuzzy heterogeneous multi-attribute decision making method for outsourcing provider selection[J]. Expert Systems with Applications,2014,41:3047—3059.

[125] Li X. Y. Multi-object optimal design of rapid prototyping based on uniform experiment[J]. Tsinghua Science and Technology. 2009,14:206—211.

[126] Fehim Findik,Kemal Turan. Materials selection for lighter wagon design with a weighted property index method[J]. Materials and Design,2012;37:470—477.

[127] 彭安华,肖兴明．基于生命周期评价的绿色材料多属性决策[J]. 机械科学与技术,2012,31(9):1439—1444.

[128] Y. M. Deng, K. L. Edwards. The role of materials identification and selection in engineering design[J]. Materials and Design,2007,28:131—139.

[129] 张天云,陈奎,杨光,谷莉．工程选材方法的发展及趋势[J]. 材料导报,2011,25(12):110—113.

[130] 吴聃．敏捷供应链伙伴选择动态反馈模型研究[D]. ．长沙:中南大学,2009,6.

[131] Majid Behzadian, R. B. Kazemzadeh, A. Albadvi, M. Aghdasi. PROMETHEE:A comprehensive literature review on methodologies and applications[J]. European Journal of Operational Research,2010,200:198—215.

[132] Li Wei-xiang,Li Bang-yi. An extension of the Promethee II method based on generalized fuzzy numbers[J]. Expert Systems with Applications, 2010, 37: 5314—5319.

[133] Burcu Yilmaz, Metin Dagdeviren. A combined approach for equipment selection: F-PROMETHEE method and zero-one goal programming[J]. Expert Systems with Applications,2011,38:11641—11650.

[134] An-hua Peng, Xing-ming Xiao. Material selection using PROMETHEE

combined with analytic network process under hybrid environment[J]. Materials and Design,2013,47:643－652.

[135] Xiaohan Yu,Zehui Xu,Qi Chen. A method based on preference degrees for handing hybrid multiple attribute decision making problems[J]. Expert Systems with Applications,2011,38:3147－3154.

[136] 李为相,张广明,李帮义．基于区间数的PROMETHEE方法中权重的确定[J]. 中国管理科学,2010,18(3):101－106.

[137] 党耀国,刘思峰,刘斌．多指标区间数关联决策模型研究[J]. 南京航空航天大学学报,2004,36(3):403－406.

[138] Liem Tran,Lucien Duckstein. Comparison of fuzzy numbers using a fuzzy distance measure[J]. Fuzzy Sets and Systems,2002,130:331－341.

[139] Ying-Ming Wang. Centroid defuzzification and maximizing set and minimizing set ranking based on alpha level sets[J]. Computers & Industrial Engineering,2009,57(1):228－236.

[140] 丁勇．语言型多属性决策方法及其应用研究[D]. 合肥:合肥工业大学,2011,6.

[141] 阎颐．大物流工程项目类制造系统物流运行模糊熵评价[J]. 中国机械工程,2006,17(2):157－159.

[142] Jian Ma,Zhi-Ping Fan,Li-Hua Huang. A subjective and objective integrated approach to determine attribute weights[J]. European Journal of Operational Research,1999,112:397－404.

[143] 杨宇．多指标综合评价中赋权方法评析[J]. 统计与决策,2006,7(总第217期):17－19.

[144] 赵焕臣主编．层次分析法的原理及应用[M]. 北京:科学出版社,1986,5.

[145] Cathy Macharis,Johan Springgael,Klaas De Brucker,et al. PROMETHEE and AHP:the design of operational synergies in multi-criteria analysis. Strengthening PROMETHEE with ideas of AHP[J]. European Journal of Operational Research,2004,153:307－317.

[146] 王莲芬．网络分析法的理论与算法[J]. 系统工程理论与实践,2001,(3):44－50.

[147] 李浒,岳超源．PROMETHEE II 法的变形及一类优先函数[J]. 系统工程,1999,(5):13－16.

[148] 濮良贵,纪名刚．机械设计(第七版)[M]. 北京:高等教育出版社,2004,4.

[149] 郭启雯,才鸿年,王富耻等．材料适用性评价指标体系构建[J]. 材料工程,

2009,(9):9－12.

[150] 杨继全．快速成型技术[M]. 北京:化学工业出版社,2006,2.

[151] 王天明,金烨,习俊通.FDM工艺过程中丝材的粘结机理与热学分析[J]. 上海交通大学学报,2006,40(7):1230－1233.

[152] Mastoid S. H. , Song W. Q. Development of new metal/polymer materials for rapid tooling using fused deposition modeling. Materials and Design,2004,25(7):587－594.

[153] J. G. Zhou,D. Herscovivi,C. C. Chen. Parametric process optimization to improve the accuracy of rapid prototyped stereo-lithography parts. International Journal of Machine Tools and Manufacturing,2000,40:363－79.

[154] 陈绪兵,莫建华,叶献方等．CAD模型的直接切片在快速成型系统中的应用[J]. 中国机械工程,2000,11(10):1098－1100.

[155] 彭安华,王智明．基于层次灰关联分析模型的RPM分层方向决策[J]. 机械设计与研究,2010,26(4):105－107.

[156] Thrimurthulu K, Pandey PM, Reddy NV. Optimum part deposition orientation in fused deposition modeling[J]. International Journal of Advanced Manufacturing Technology,2004,44:585－594.

[157] Byun H, Lee KH. Determination of optimal build direction for different rapid prototyping processes using multi-criterion decision making[J]. Robotics and Computer-Integrated Manufacturing,2006,22:69－80.

[158] Noriega A, Blanco D, Alvarez BJ, Garcia A. Dimensional accuracy improvement of FDM square cross-section parts using artificial neural networks and an optimization algorithm[J]. International Journal of Advanced Manufacturing Technology,2013,69:2301－2313.

[159] H. S. LU, C. K. Chang. Grey relation analysis coupled with principal component analysis for optimization design of the cutting parameters in high-speed end milling[J]. Journal of Materials Processing Technology,2009,209:3808－3817.

[160] 杨 进,向 东,姜立峰,等．基于响应面法的汽车车架耐撞性能优化[J]. 机械强度,2010,32(5):754－759.

[161] 王成恩,黄章俊．基于高斯函数和信赖域更新策略的Kriging响应面法[J]. 计算机集成制造系统,2011,17(4):740－745.

[162] 魏宗舒．概率论与数理统计教程[M]. 北京:高等教育出版社,2008,4.

[163] Deniz Bas, Ismail H. Boyaci. Modeling and optimization I: Usability of response surface methodology[J]. Journal of Food Engineering,2007,78:836－845.

[164] 常柏林，卢静芳，李效羽．概率与数理统计[M]．北京：高等教育出版社，1997，12.

[165] Deniz Bas，Ismail H. Boyaci. Modeling and optimization I：Usability of response surface methodology[J]. Journal of Food Engineering，2007，78：836－845.

[166] 石辛民，郝整清．模糊控制及其 MATLAB 仿真[M]．北京：清华大学出版社，2008，3.

[167] 温显斌，张桦，张颖，权金娟．软计算及其应用[M]．北京：科学出版社，2009，2.

[168] 王立新．模糊系统与模糊控制教程[M]．北京：清华大学出版社，2003，6.

[169] Amir Sanayei，S. Farid Mousavi，A. Yazdankhah. Group decision making process for supplier selection with VIKOR under fuzzy environment[J]. Expert Systems With Applications，2010，37：24－30.

[170] Chen S H，Wang Dingwei. Graded mean integration representation of generalized fuzzy number[J]. Journal of Chinese Fuzzy Systems，1999，5(2)：1－7.

[171] J. L. Lin，C. L. Lin. The use of grey-fuzzy logic for the optimization of the manufacturing process. Journal of Materials Processing Technology，2005，160：9－14.

[172] 赵选民．实验设计方法[M]．北京：科学出版社，2006，8.

[173] 杨德．实验设计与分析[M]．北京：中国农业出版社，2002，12.

[174] 杨 进，向 东，姜立峰，等．基于响应面法的汽车车架耐撞性能优化[J]．机械强度，2010，32(5)：754－759.

[175] 彭安华，肖兴明．基于响应面模型的机床伺服系统 PID 参数整定[J]．机械强度，2013，35(3)：263－269.

[176] 韩力群．智能控制理论及应用[M]．北京：机械工业出版社，2008，1.

[177] 韩力群．人工神经网络教程[M]．北京：北京邮电大学出版社，2006，12.

[178] 杨艳子．基于 BP 网络和稳健性分析的机械扩径工艺参数优化[D]．秦皇岛，燕山大学，2010，6.

[179] 王东生，杨斌，田宗军，沈理达，黄因慧．基于遗传神经网络的等离子喷涂纳米 $ZrO_2-7\%Y_2O_3$ 涂层工艺参数优化[J]．．焊接学报，2013，34(3)：10－14.

[180] 朱凯，王正林．精通 MATLAB 神经网络[M]．北京：电子工业出版社，2010，1.

[181] M. Tajdar，A. Ghaffarnajad Mehraban，A，R. Khoogar. Shear strength prediction of Ni-Ti alloys manufactured by powder metallurgy using fuzzy rule-based model[J]. Materials and Design，2010，31：1180－1185.

[182] 雷英杰，张善文，李续武，周创明．MATLAB 遗传算法工具箱及其应用[M].

西安:西安电子科技大学出版社,2005,4.

[183] 孙靖明．机械优化设计[M]. 北京:机械工业出版社,2004,2

[184] 王天明,刁俊通,金烨．熔融堆积成型中的原型翘曲变形[J]. 机械工程学报,2006,42(3):233－237.

[185] Mark A,Vonderembse,Mohit Uppal,Samuel H. Huang,John P. Dismukes. Designing supply chains: towards theory development[J]. International Journal of Production Economics,2006,100:223－238.

[186] 仲智刚．敏捷供应链中若干关键技术问题研究[D]. 杭州:浙江大学博士学位论文,2001,12.

[187] Luitzen de Boer,Eva Labro,Pierangela Morlacchi. A review of methods supporting supplier selection [J]. European Journal of Purchasing and Supply Management,2001,7:75－89.

[188] Chong Wu,David Barness. Formulating partner selection criteria for agile supply chains: A Dempster-Shafer belief acceptability optimization approach [J]. International Journal of Production Economics,2010,125:284－293.

[189] Joseph Sarkis,Srinivas Talluri,A. Gunasekaran. A strategic model for agile virtual enterprise partner selection [J]. International Journal of Operations & Production Management,2007,27(11):1213－1234.

[190] Wei-Wen Wu. Choosing knowledge management strategies by using a combined ANP and DEMATEL approach[J]. Expert Systems with Applications,2008,35:828－835.

[191] Zeshui XU. Choquet integrals of weighted intuitionistic fuzzy information [J]. Information Sciences,2010,180:726－736.

[192] Guiwu Wei,Xiaofei,Zhao,Rui Lin,Hongjun Wang. Generalized triangular fuzzy correlated averaging operator and their application to multiple attribute decision making[J]. Applied Mathematical Modeling,2012,36:2975－2982.

[193] Jalal Ashayeri,Gulfem Tuzkaya,Umut R. Tuzkaya. Supply chain partners and configuration selection: an intuitionistic fuzzy choquet integral operator based approach[J]. Expert Systems with Applications,2012,39:3624－3649.

[194] Yu Cao. Aggregating multiple classification results using choquet integral for financial distress early warning[J]. Expert Systems with Applications,2012,39:1830－1836.

[195] Tseng Ming-Lang,Jui Hsiang,Lawrence W. Lan. Selection of optimal supplier chain management strategy with analytic network process and choquet integral

[J]. Computers & Industrial Engineering,2009,57:330—340.

[196] Gulcin Buyukozkan,Da Ruan. Choquet integral based aggregation approach to software development risk assessment[J]. Information Sciences, 2010, 180: 441—451.

[197] 梁昌勇. 基于OWA算子理论的混合型多属性群决策研究[D]. 合肥:合肥工业大学,2008,6.

[198] Zhifeng Chen,David Ben-Arieh. On the fusion of multi-granularity linguistic label sets in group decision making[J]. Computers & Industrial Engineering,2006,51:526—541.

[199] Zeshui Xu. Deviation measure of linguistic preference relations in group decision making[J]. The International Journal of Management Science, 2005, 33: 249—354.

[200] 彭安华,肖兴明. 基于多粒度语言的动态联盟合作伙伴群决策[J]. 中国机械工程,2012, 23(2):185—190.

[201] 张园林,匡兴华. 一种基于多粒度语言偏好矩阵的多属性群决策方法[J]. 控制与决策,2008,23(11):1298—1300.

[202] Zhifeng Chen,David Ben-Arieh. On the fusion of multi-granularity linguistic label sets in group decision making[J]. Computers & industrial engineering,2006,51:526—541.

[203] F. Herrera, L. Martinez, P. J. Sanchez. Managing information in group decision making[J]. European Journal of Operational Research,2005,166:115—132.

[204] 姜艳萍,樊治平. 基于不同粒度语言判断矩阵的群决策方法[J]. 系统工程学报,2006, 21(3):249—253.

[205] Sugeno M. Theory of fuzzy integrals and its applications[D]. Tokyo:Tokyo Institute of Technology,1974.

[206] A. Bonetti, S. Bortot, M. Fedrizzi, R. A. Marques Perrira, A. Molinari. Modeling group processes and effort estimation in project management using the choquet integral:an MCDM approach[J]. Expert systems with applications,2012,39:13366—13375.

[207] Hui-Hua Tsai, Iuan-Yuan Lu. The evaluation of service quality using generalized Choquet integral[J]. Information Sciences,2006,176:640—663.

[208] Guiwu Wei, Xiaofei, Zhao, Rui Lin, Hongjun Wang. Generalized triangular fuzzy correlated averaging operator and their application to multiple attribute decision making[J]. Applied Mathematical Modeling,2012,36:2975—2982.

[209] Jean-Luc，Marichal. Entropy of discrete Choquet capacities[J]. European Journal of Operational Research，2002，137：612－624.

[210] 彭安华，肖兴明. 基于模糊网络分析法的维修策略决策[J]. 中南大学学报(自然科学版)，2014，45(3)：783－789.

[211] 卫贵武，黄登仕，魏宇. 基于ET－WG和ET－OWG算子的二元语义群决策方法[J]. 系 统工程学报，2009，24(6)：744－748.

[212] Yager，R. R. Quantifier guided aggregation using OWA operators[J]. International Journal of Intelligent Systems，1996，11(1)：49－73.

[213] 彭安华，王智明. 基于模糊层次分析法的维修方式群体决策模型[J]. 机械强度，2012，34(3)：403－409.

[214] Sheng-Lin Chang，Reay-Chen Wang，Shih-Yuan Wang. Applying fuzzy linguistic quantifier to select supply chain partners at different phases of product life cycle[J]. International Journal of Production Economics，2006，100：348－359.

[215] Shian-Jong Chuu. Group decision-making model using fuzzy multiple attributes analysis for evaluation of advanced manufacturing technology[J]. Fuzzy Sets and Systems，2009，160(5)：586－602

[216] Ying-Ming Wang，Ying Luo，Xinwang Liu. Two new models for determining OWA operator weights[J]. Computer & Industrial Engineering，2007，52：203－209.

[217] 易平涛，郭亚军，张丹宁. 密度加权平均中间算子及其在多属性决策中的应用[J]. 控制与决策，2007，22(5)：515－519

[218] 石福丽，许永平，杨峰. 考虑专家偏好关联的群决策方法及其应用[J]. 控制与决策，2013，28(3)：391－395.

[219] 安相华，冯毅雄，谭建荣. 基于Choquet积分与证据理论的产品方案协同评价方法[J]. 浙江大学学报(工学版)，2012，46(1)：163－169.

[220] Gulcin Buyukozkan，Orhan Feyzioglu，Mehmet Sakir Ersoy. Evaluation of 4PL operating models：A decision making approach based on 2-additive choquet integral[J]. International Journal of Production Economics，2009，121：112－120.

[221] Feyzan Arikan. A fuzzy solution approach for multi objective supplier selection[J]. Expert Systems with Applications，2013，40(3)：947－952.

[222] 傅玉颖. 基于模糊理论的供应链网络构建与优化[D]. 杭州：浙江大学博士学位论文，2009，12.

[223] 陈可嘉，叶舒婷. 面向供应链的高级计划于排程的混合整数规划[J]. 中国机械工程，2012，23(14)：1688－1692.

[224] 徐玖平，李军. 多目标决策理论与方法[M]. 北京：清华大学出版社，2006，4.

[225] 詹沙磊,刘南．基于模糊目标规划的应急物流多目标随机规划模型[J]．中国机械工程,2011,22(23):2858－2862.

[226] Iraj Mahdavi, Babak Javadi, Navid Sahebjamnia, et al. A two-phase linear programming methodology for fuzzy multi-objective mixed-model assembly line problem[J]. International Journal of Advanced Manufacturing Technology, 2009, 44(9－10):1010－1023.

[227] 李学全,李辉．多目标线性规划的模糊折中算法[J]．中南大学学报(自然科学版),2004,35(3):514－517.

[228] 孙会君,高自友．供应链分销系统双层优化模型[J]．管理科学学报,2003,6(3):66－70.

[229] 唐焕文,秦学志．实用最优化方法[M]．大连:大连理工大学出版社,2005,1.

[230] Chang-Chun Lin. A weighted max-min model for fuzzy goal programming [J]. Fuzzy sets and systems, 2004, 142:407－420.

[231] Luhandjula M k. Compensatory operators in fuzzy linear programming with multiple objectives[J]. Fuzzy Sets and Systems, 1982, 8:245－252.

[232] 宋伟,赵茂先,王向荣．求解多层线性规划的模糊规划法[J]．运筹学学报,2011,15(4):85－92.

[233] 宋伟,赵茂先．求解多下层线性双层规划问题的模糊法[J]．山东理工大学学报,2011,25(3):6－9.

[234] 袁新生,邵大宏,郁时炼．LINGO 和 EXCEL 在数学建模中的应用[M]．北京:科学出版社,2007,4.

[235] 闻博,李宏光．含分段线性隶属函数的模糊规划建模方法[J]．化工学报,2010,61(8):2149－2153.

[236] Manuel Diaz-Madronero, David Peidro, Pandian Vasant. Vendor selection problem by using an interactive fuzzy multi-objective approach with modified S-curve membership functions[J]. Computers and Mathematics with Applications, 2010, 60(4):1038－1048.

图书在版编目(CIP)数据

面向机械制造过程的模糊多准则决策方法研究/彭安华著．—合肥：合肥工业大学出版社，2018.1

ISBN 978－7－5650－3602－6

Ⅰ.①面…　Ⅱ.①彭…　Ⅲ.①机械制造工艺—决策方法—研究　Ⅳ.①TH16

中国版本图书馆 CIP 数据核字(2017)第 242663 号

面向机械制造过程的模糊多准则决策方法研究

彭安华　著　　　　　　　　责任编辑　马成勋

出　版	合肥工业大学出版社	版　次	2018 年 1 月第 1 版
地　址	合肥市屯溪路 193 号	印　次	2018 年 1 月第 1 次印刷
邮　编	230009	开　本	787 毫米×1092 毫米　1/16
电　话	理工编辑部：0551－62903200	印　张	9
	市场营销部：0551－62903198	字　数	178 千字
网　址	www.hfutpress.com.cn	印　刷	安徽昶颉包装印务有限责任公司
E-mail	hfutpress@163.com	发　行	全国新华书店

ISBN 978－7－5650－3602－6　　　　定价：25.00 元